TURING 图灵程序设计丛书

程序员必读 之

软件架构

Software Architecture for Developers

[英] Simon Brown 著

邓钢 译

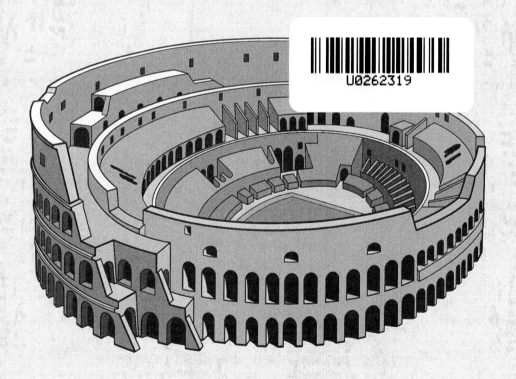

U0262319

人 民 邮 电 出 版 社
北 京

图书在版编目（CIP）数据

　程序员必读之软件架构 / （英）布朗（Brown, S.）著；
邓钢译. -- 北京：人民邮电出版社，2015.1（2024.3重印）
　（图灵程序设计丛书）
　ISBN 978-7-115-37107-2

　Ⅰ. ①程… Ⅱ. ①布… ②邓… Ⅲ. ①软件设计
Ⅳ. ①TP311.5

　中国版本图书馆CIP数据核字(2014)第219052号

内 容 提 要

　通常，人们对软件架构师持两种错误的看法。有人认为软件架构师是一种高高在上的职位；有人认为软件架构师完全不懂开发，只是会画条条框框的指挥家。本书将打破这些传统的认知，模糊软件开发和架构在流程中的界限，进而为软件架构正名。本书是一本强调实践、注重实效、轻量级、面向开发者的软件架构指南。

　如果你是一名想成为软件架构师的程序员，那么本书就是为你准备的。

　◆ 著　　　　　　[英] Simon Brown

　　　译　　　　　　邓　钢

　　　责任编辑　　　李松峰

　　　执行编辑　　　李　静　仇祝平

　　　责任印制　　　杨林杰

　◆ 人民邮电出版社出版发行　　　北京市丰台区成寿寺路11号

　　　邮编　100164　电子邮件　315@ptpress.com.cn

　　　网址　http://www.ptpress.com.cn

　　　北京九州迅驰传媒文化有限公司印刷

　◆ 开本：800×1000　1/16

　　　印张：14.25　　　　　　　　2015年1月第1版

　　　字数：343千字　　　　　　 2024年3月北京第25次印刷

　　　著作权合同登记号　图字：01-2014-5610号

定价：49.00元

版 权 声 明

献给克斯蒂、马修和奥利弗。

目　　录

Part I　什么是软件架构

Part II　软件架构的角色

Part VI　开发生命周期中的软件架构

Part VII　金融风险系统

Part VIII　附录："技术部落"的软件指南

推荐序一：架构师真正要学会的事情

1. 要学会去看，然后忘掉

有一本书叫《观止》，写的是微软研发 Windows NT 的一段故事。"观止"在这里的意思是说"看到这些，就无需再看了"，因为世上之物亦无过于此。20 多年过去，如今微软在操作系统上面临着的种种挑战与困境，其实与《观止》所叙的研发方法、理念与目标有着与生俱来的血缘关系。

另一个与"看"相关的词汇是"所见即可得"（WYSIWYG）。这个词以及与此相关的 WIMP（Windows, Icon, Menu and Pointer）曾经主导了整个人机交互的设计理念。也是在 20 多年前，Borland 为 Windows 桌面系统成功地设计了跨语言的 VCL，由此"所见即所得"成为 Borland 对"如何更便捷地构建 UI"的基本假想，以至于这家伟大的公司在互联网时代来临时决定"用 VCL 描述界面的方式来解决'网站设计'的问题（RadPHP）"。

然而，互联网上的网页是没有 WIMP 的；移动设备上的操作系统也不再采用与 Windows NT 类似的方式开发。

Borland 在几年之前将整个开发工具产品线都卖掉了。当时盛大的一个 Delphi 圈子发起了一次"缅怀活动"，组织者说："爱民，你应该会为那个时代写点什么吧？"

我在那个缅怀网页上写下了五个字：所见即所碍。

2. 要学会去听，然后忘掉

我通常说架构是一种能力，架构角色则是要求你在具体事务中行使某些行为，而架构师则是用来标识这些能力与行为的一个职务。

当一些人将个人成长定义为"职业发展"时，就表现为"怎样成为架构师"这样的问题。对此有三种解决方案，第一种是印一张写着这样头衔的名片，而"是与不是"架构师并不重要；第二种是直接否定这个职务的意义，比如声称敏捷天生就是反架构的，于是"架构师"变成了要打倒的对象，所以成不成为这个将被打倒的对象也就不重要了；第三种则干脆声称"人人都是架构师"，既然人人都是了，那么"如何成为"也自然就不重要了。

我们大多数人都具有架构的能力，并且也或多或少地行使某些架构角色的行为，唯一缺乏的只是一个叫做"架构师"的头衔而已。问题出在我们总是期望别人通过这样的头衔来认可自己。于是我们为自己贴上这样或那样的标签，然后跟别人持有的同种标签去比对，期求出现一致或找出某种差别。于是我们听到种种声音：某某某真的是/不是、像/不像架构师；如果是架构师，那么就要这样那样，以及怎样怎样；其实这个架构、这样的架构，或某种架构应该怎么做；以及架构是什么，架构师是什么，等等。回顾"三种解决方案"，仍是困在这样的认可求同之中，与之在做着种种斗争罢了。

其实不单是你的所见阻碍了你自己，你还被别人的所见阻碍着。

3. 要学会去做，然后忘掉

朋友跟我聊他家的两岁小孩：我刚把桌子收拾好，一转眼杯子碗筷什么的都全摔地上了。我问："怎么了？"他说："小孩子什么也不懂啊，她看到桌布觉得喜欢，就一把抓过去……"

小孩子没能看到桌子上还有杯子，但正因为他们的视线里没有杯子，他们的行动才简单直接，才直达需求，才迅速。而我们的眼睛里有杯子、桌子、桌布等一切，我们经年累月地维护着其中的次序与关系直到这些东西混成一体，然后我们便日日坐守在它们的面前，而又无觉他们的存在。

正是我们自己不知不觉地设定了这些事物之间的界线，并把这些界限、层次与逻辑井然的东西称为"系统"。当我们从那些无序的事物中识别出了这样的"系统"并用一些概念、名词去定义了它们之后，我们对此的一切知识也就固化了。当这种秩序被建立起来之后，我们也就得到了对有序和无序（没有你所设定的"这种秩序"）价值的识别与肯否；当我们设定了种种价值、观念、观察与系统的模型概念之后，也就完成了这个系统的架构。

但这一过程，包括完成这一架构——它可以命名为"世界观"——的方法以及结果，在本质上不过是让你从一个格子跳到了另一个格子而已。我们处在种种界限之中，再也无法回到两岁小孩的、一切无碍的视角：在那个视角下，根本就没有所谓的界线。你之所以时在寻求跨界，其实是源自你假设了"存在界线"，这就如同全栈的含义其实是"没有栈"，而当有人信心满满地要"成为全栈工程师"时，他的眼里便又有个"这个栈"的存在。

所谓跨界不是指你能力与方法上的变化，你的作为取决于你的格局，你的格局取决于你的所见。

4. 要学会超越

架构师需要超越自己与别人的所见，因为你观察与架构的对象称为"系统"，你看到系统多少的真相，决定了你用怎样的影像去表现它，并进而推进与实现这种影像，亦即是架构。我们既已知道的、理解的、明白的，形成了我们的知识与行为的一切，却也正是阻碍着我们前进的东西。这些障碍正是你以为你最珍视的、最不可放弃的、最鲜血淅沥体验过的那些经验与成就。在这些所得与所碍中挣扎与决策，就是架构师的全部职责。因此作为架构师，你需要能够超越自己对系统的既有认识，看到你在光明中——显而易见之处——所未见的，这是你驱动系统架构进化的主要动力。

所以架构中最难超越的并不是某个大师或前辈，而是你以及你为自己所作的设定。当你设定了"架构师"这个目标，便设定了这个目标所表达的某种影像（角色），你最终可能变得跟这个影像完全一致——成为所谓的"真正的架构师"，但你仍不过是困囿于对这个"角色"的一个假设/设定而已。唯一破局的方法是：超越别人对某个角色的定义，将自己做成这个角色。

至此，你是否还在这个角色之中，就是你的觉悟了。

周爱民

现任豌豆荚架构师

前盛大网络平台架构师、支付宝业务架构师

推荐序二

说起架构，想必很多人会认为它离自己太远，我做的事情还远到不了架构这么高的层次。那么什么是架构呢？正如本书作者所做的调查一样，不同的人会给出不同的见解。

我们不妨从平时的项目中来观察一下，技术选型是怎么出来的？团队的分工协作是如何进行的？项目质量和进度是怎么得到保障的？

是的，你会发现，在任何一个项目中，总有些人会在这些事情上付出努力。从他们身上可以看到哪些不一样的特质？他们看起来都很积极，好像整个项目就是他们在负责；他们让事情得到解决，最终让项目得以交付。

可以认为，项目中出现的类似行为都是在对架构的思考，思考架构会是从被动服务到主动服务的 Owner 意识养成过程，会让我们 Get things done！而最终完成的好坏及是否有方法论支撑则是另外讨论的范畴，这也正是本书要为大家呈现的内容！

如果你刚接触项目不久，建议由浅入深，从分清楚什么是库什么是框架开始，带着问题在本书中寻找答案！如果你已经验丰富，同样可以认真思考书中每一部分后面的问题进行自我对照，看看与作者的建议是否有共鸣之处！

从现在开始，认真且有效地去规划完成自己负责的事情！

杜欢

淘宝网高级技术专家

2012 年加入淘宝，曾就职于雅虎台湾及 CISCO

译者序 2.0

在本书行将出版之时读到周爱民老师写的推荐序，感触良多。因而书还未面世，译者序就写了第二稿，倒也跟 IT 行业的风格挺契合：很多软件首次发布时的版本号都是 2.0，甚至更高。

初识软件架构

我是从一个小互联网公司走出来的野生程序员。小公司里没有很细的分工，程序员必须像万金油，什么都会一点。数据怎么分表，后端接口怎么分，URL 结构怎么定，前后端怎么接，这些都得搞定。事情多了，必须想清楚。

我在盛大创新院做的最后一个项目是一个 iOS 垂直社交应用。两个同事合作开发 iOS 客户端，而我在这个项目里的工作是开发一个 REST 架构的数据服务。需求很简单，就是根据客户端的应用场景编写一整套 API。当第一个里程碑的所有工作完成之后，我发现需求开发只占用了一小部分时间，而设计关系型数据库的结构，设计认证、授权和报告，设计应用签名和令牌，设计 REST 风格的 URL 结构，开发 API 调试工具，编写 API 文档，这些事情却耗费了大量的时间。我就想，花了这么多时间做这些事情，并没有增加任何功能，又感觉不能不做，这到底是为什么？对这个问题的思考和学习，应该算是我对软件架构的入门。

怎么会翻译这本书

两年前我进入 IBM，参与的项目是一个适用于大型数据中心的存储资源管理工具。这个工具的规模和复杂程度远远超出大多数面向普通用户的互联网应用，自然对架构的要求更为严苛。而 IBM 作为一家传统软件企业，深厚的技术积累也令我大开眼界，给了我很多学习和思考软件架构的机会和资源。

我们项目的架构师会贡献代码，会参加代码评审/回顾；我们有预先架构设计，也有架构演化；我们执行 SCRUM 方法；任何人对设计有意见，都可以给架构师发邮件，只要有理有据，就能说服他更改设计。在此之前我从未见过这样奇特的组合。很快适应了以后，我又想，这么好的方式，居然只有我们在用？直到今年三月，在微博上看到图灵的李松峰老师为 *Software Architecture for Developers* 一书征召译者。读过样章后才发现，我们就是作者理想中的团队啊！既然如此，何不尝试翻译这本书？

架构离我们并不遥远

写给程序员的软件架构，这是一个很有趣的出发点。长久以来，架构师在程序员群体中声名狼藉，软件架构被很多人认为是一项脱离现实、高高在上的工作。其实对程序员来说，架构近在眼前！下至接口设计，上至技术选型，不论你是否意识到，每个程序员或多或少都接触和参与过一些架构工作。架构师也自然而然成为相当一部分程序员的职业发展方向：你看，我们努力想要成为自己咒骂的人。

本书的作者是一位经验丰富的架构师。他从最简单的基本概念入手，对软件架构进行了层层深入的细致讲解，结合自己的实践经验，总结出很多实用的准则和方法，并且附上一个完整的开源项目来对这些内容加以佐证，帮助读者学习和理解。翻译这本书，在我看来更是对软件架构的一次系统学习，不仅丰富了我对软件架构的理解，更改变了我对架构师这个角色的一些固有印象。这本书令我获益匪浅，希望更多有志成为架构师的程序员朋友也能从中有所收获。

周爱民老师的序

十一假期结束后打开邮箱，收到图灵的李静老师的邮件，得知周爱民老师会为这本书撰写推荐序。惊喜，因为爱民老师是包括我在内的很多人敬仰的资深前辈。惶恐，因为我在软件架构方面还是个菜鸟，写作能力更与爱民老师相去甚远。

要来爱民老师的文章一读，"然后忘掉"，写得真好！我从未受过任何计算机科学或软件工程的专业训练，大学所学的化学专业也跟计算机毫无关联。因此，去看去听去做，并且牢牢记住，使我得以在这个行业一步步走到今天。自从对软件架构产生兴趣，也是如此逐渐学到很多概念、方法。虽然清楚架构必有权衡，不能十全十美，然而了解的知识越多，就更想面面俱到，反而放不开。殊不知，牢牢记住，也给自己画地为牢，陷入爱民老师所说的困局。

如果说这本书帮我画了一个更大的圈，那么爱民老师的文字则告诫我要跳出这个圈。我面前的架构之路还很长，不知何时能走出圈外，走到爱民老师今日所处之地。

谢谢你们

这本书的翻译能够完成，我最想感谢的人是成都七中的高中语文老师王正可。王老师是我近 20 年学生生涯中最重要的一位老师：她是第一个让我对语文产生兴趣的人。王老师教给我文字的艺术，帮助我找到阅读和写作的乐趣，对我而言这是一笔巨大的财富。如果不曾有幸成为她的学生，我想我不会养成写作的习惯，更不可能有翻译图书的想法。

为了让我能够安心地翻译，家里的领导承担了洗衣、做饭、扫地（以及数钱）等繁琐的家务。对一些难以理解的字句，她也和我一起讨论。作为一个非球迷，她还陪我熬夜观看了好多场世界杯比赛，大大减轻了我因为拖延翻译而产生的负罪感。图灵公司的李松峰和李静两位老师，对我翻译这本书给予了极大的肯定和支持，并且纵容了我逾期未完工的行为。这本书也有他们的一份付出。

2014 年 10 月于上海

序

信息技术行业不是大步前行，就是剧烈动荡。一方面，我们奋力前行，重新发明软件构建方式，时时处处精益求精。而另一方面，我们不断遗忘过去的好处，软件开发团队常意想不到地把事情搞砸。

软件架构在一个成功的软件交付中扮演关键角色，然而令人沮丧的是，很多团队都忽视了这一点。即使在最敏捷的团队中，软件构架这一角色也都是必需的，不管是由一个人还是整个团队共同扮演，但要寻求到预先和演化两种构架理念的平衡，往往还只是人们美好的意愿而并没有变为现实。

软件架构的坏名声

当我介绍自己是软件架构师时，对方通常会有两种反应。要么觉得这非常酷，想了解更多；要么就是露出不屑的神情，意思是说"我想跟实际开发软件的人聊，而不是跟只会画框框线线的指挥家聊"。软件架构的角色在 IT 行业中名声很差，出现这种想法自然不难理解。

"软件架构"给人的印象通常是架构师闭门造车，提前做好大型预先设计，然后好像接力赛跑时传递交接棒一样，把庞大的 UML（Unified Modeling Language，统一建模语言）模型或 200 页 Word 文档丢给毫不知情的开发团队。当然，这是假设架构师实际参与了软件设计。似乎很多人都认为，只要做一个 PPT，而且幻灯片中有一页出现了"企业服务总线"框线图，就算是做完了软件设计。哦，千万别忘了，这个 PPT 里毫无疑问也少不了对 ROI（Return on Investment，投资回报）和 TCO（Total Cost of Ownership，总体拥有成本）的陈述。

很多组织对软件开发普遍都有一个有意思的看法。比如，他们看到了离岸外包可以节省成本，因而把软件开发流程中的编码工作也看作一种可以买卖的商品。其结果往往是本地开发者被推向所谓"高价值"的软件架构职位，而编码则交由其他人完成。多数情况下这只会让软件架构和开发更加脱节，还常常让人像赶鸭子上架一样不得不去承担架构工作。这些组织也常倾向于把架构师看作一种职位级别而非工作角色。

敏捷愿景

"敏捷"已经出现了差不多十年，但它仍是"外来的时髦小子"。很多软件团队都有"实现敏捷"的愿景。毫无疑问，敏捷有很多好处，人们都想让你相信它是灵丹妙药，但事实并非如此。IT 行业的每件事，都伴随着铺天盖地的宣传和天花乱坠的炒作。如今，开始一个新的软件项目，总能听到自组织的团队、自动化验收测试、持续交付、回顾、看板、浮现式设计，还有一大堆你可能都没听过的新名词。这很奇葩，但团队往往急于赶时髦，就将原来的东西不分好坏一起丢掉。"非功能需求"听起来虽然不酷，但这并不是你能忽视它们的理由。

这堆老古董软件架构的东西都是什么？很多软件团队似乎认为他们不需要软件架构师，张口闭口都是"自组织团队"、"YAGNI"（You Aren't Going to Need It，你不会需要它）、"演化架构"和"最后责任时刻"这些词。如果他们确实需要架构师，也许会去找个"敏捷架构师"。我不完全确定这些词都是什么意思，但我猜它有点像用便利贴替代 UML，或用 TDD（Test-Driven Development，测试驱动开发）替代画图。也就是说，假设他们已经不是只使用高层次系统隐喻的概念，而且也不把"浮现式设计"作为盲目乐观的借口。

那么你觉得自己是架构师吗

看起来这个行业里有很多人自称是软件架构师，而他们实际上完全在做别的事。我能够原谅那些在大企业里实践软件架构，却误以为自己是"企业架构师"的人。总之我们这行的术语就是经常把人搞糊涂。

但那些夸大自己在软件团队里作用的人又如何呢？这些不负责任的架构师通常担任技术领导，却连基本能力都不够格。我见过一些面向公众的网站在进入用户验收测试环境时，还有一堆安全问题，没有基本性能测试，常用功能也有问题，死链，并且完全没有文档。这只是我能看到的软件外在的问题，天知道代码会是什么样子！如果你承担了软件架构的角色，最后却交付这样的东西，你做得就不对。这不是什么软件架构，这也只能算是盲目乐观。

失意的架构师

必须承认，不是所有软件团队都像这样，但我前面讲的也不是空穴来风。糟糕的是很多组织确实就是这样干的，因此软件架构有这样的名声并不奇怪。

想在这个行业里有所作为，就需要克制对新鲜玩意的迷恋，开始问一些问题。敏捷需要架构吗，或者架构真的需要敏捷吗？相比近些年学到的东西，我们是不是忘掉了更多好的软件设计方法？对于我们现在构建的软件系统，只有盲目乐观就够了吗？如果我们不是从培养未来软件架构师的角度考虑，这些问题还有意义吗？我们要如何从失意走向平和？

关于本书

这是一本强调实践、注重实效、轻量级、面向开发者的软件架构指南。你将从中学到：

- ❑ 软件架构的本质；
- ❑ 为什么软件架构角色应当包含编码、指导与合作；
- ❑ 开始编码前真正需要思考的事情；
- ❑ 如何用简单的草图让你的软件架构可视化；
- ❑ 为软件生成文档的轻量方法；
- ❑ 为什么敏捷和架构并不冲突；
- ❑ "恰如其分"的预先设计是什么意思；
- ❑ 如何通过风险风暴来识别风险。

这部短文集推倒了传统的象牙塔，模糊了软件开发和架构在流程中的界限，将教会你软件架构、技术领导力以及它们与敏捷之间的平衡。

本书写作初衷

跟很多人一样，我的职业生涯从软件开发开始，从前辈那里得到指导，和团队一起工作，交付软件系统。久而久之，我也开始设计软件系统中的一小部分，最后我的职务变成了这样：承担我现在认为是设计软件架构的任务。

我的职业生涯多数是为 IT 咨询机构工作，这意味着我参与过的大多数项目要么是为客户构架软件系统，要么是和客户一起完成构建。IT 咨询机构要发展壮大，就需要更多的人和团队。要组建更多团队，又需要更多的软件架构师。这就是我写这本书的理由。

(1) 软件架构应该容易理解。第一次设计软件架构时，尽管有一些优秀的导师，但我还是搞不清自己该干些什么。的确，有很多软件架构方面的书籍，但它们的写作视角不一样。我发现其中大多数都偏研究方向，甚至完全是学术派，而我是一个寻求现实建议的软件开发者。我想写一本对我职业生涯的那个阶段有用的书，即面向软件开发者的软件架构书。

(2) 所有软件项目都需要架构。我真心喜欢敏捷方法，但其中很多方法缺乏对软件架构的明确重视，这让我如坐针毡。敏捷方法不是说不应该做任何预先设计，但它们通常也不明确探讨这一点。我发现这会让人们得出错误的结论，我也看到了缺乏预先思考可能造成的后果。我非常清楚大型预先设计也不能解决问题。我感觉适当地做一些预先思考能提供一种愉快的中间状态，而这特别适合与不同经验和背景的团队一起工作的情形。我更喜欢轻量的软件架构方法，这样我就可以尽早让一些结构单元到位，从而提高成功率。

(3) 传播轻量级软件架构实践。这些年我学习和实践了很多对设计软件架构很有帮助的做法。这些实践涉及软件设计流程，并通过发现技术风险来沟通和记录软件架构。我总是认为这些实践都合理，但情况并非如此。过去几年，我向上千人教授这些实践，并见证了他们的变化。写书可以帮助我把这些想法传递给更多人，希望其他人也能从中受益。

软件开发的新方法

这本书不谈创造软件开发的新方法。传统软件开发经常会过度地预先思考，而初次接触敏捷方法的团队往往又缺乏架构思维，本书就是想要在这两者之间找到一个很好的平衡点。最终要告诉大家，预先设计与演化架构是可以共存的。

关于软件架构，每个开发者都应该知道的五件事

为了帮助你大致了解本书的内容，这里有每个开发者都应该知道的五件有关软件架构的事。

1. 软件架构不是大型预先设计

软件架构历来被认为跟大型预先设计和瀑布式项目有关，团队要周全地考虑软件设计的所有细节，然后才开始编码。软件架构就是关于软件系统的高层次结构，以及你如何理解它。它是影响软件系统形态的重要决策，而非理解数据库每个字段应该有多长。

2. 每个软件团队都需要考虑软件架构

不论产品的大小和复杂性，每个软件团队都需要考虑软件架构。为什么？简单地说，尚未发生的坏事往往都会发生！如果软件架构是关于结构和愿景的，不考虑这一点就可能产出结构糟糕、

内部不一致的软件系统。这样的软件系统难以理解和维护，很可能无法满足一些重要的非功能需求，比如性能、可伸缩性或安全性。明确地考虑软件架构，提供了一种引入技术领导的方式，增加成功交付的胜算也对你有益。

3. 软件架构的角色关乎编码、指导和合作

很多人对软件架构师的印象还很老套，以为就是"象牙塔"软件架构师向毫不知情的开发团队面授机宜。其实并非如此，因为现代软件建构更倾向于成为一种有利于编码、指导和协同设计的方法。软件架构的角色不一定要由一个人来承担，而且要了解得到的架构是否确实行得通，编码是非常好的方式。

4. 无需使用 UML

同样地，传统观点还以为软件架构就是试图捕捉每一个细节的庞大 UML 模型。创造和交流共同的愿景很重要，然而你不见得需要使用 UML。实际上，可以说 UML 并不是一个交流软件架构的好方法。如果要保留一些简单的指导方针，轻量级"框线"风格的草图是一个交流软件架构的有效方式。

5. 好的软件架构是支持敏捷开发的

有一种普遍的误解，认为"架构"和"敏捷"之间是矛盾的。但恰恰相反，好的软件架构是支持敏捷的，可以帮助你拥抱并实现变化。然而好的软件架构并非与生俱来，需要你努力争取。

在微博上分享这本书

请帮 Simon Brown 在新浪微博上宣传这本书。

推荐本书的微博以#程序员必读之软件架构#开头。

点击下面这个链接，在新浪微博上搜索其他人对本书的评价：

http://huati.weibo.com/k/程序员必读之软件架构

软件架构培训

我开设了一个一到两天的培训课程，进行实用的轻量级软件架构指导，这个课程涵盖了本书全部内容。你将学到：

- 软件架构的本质；
- 为什么软件架构角色应当包含编码、指导与合作；
- 开始编码前真正需要思考的事情；
- 如何用简单的草图可视化软件架构；
- 为软件生成文档的轻量方法；
- 为什么敏捷和架构并不冲突；
- "恰如其分"的预先设计是什么意思；
- 如何通过风险风暴来识别风险。

我将向你教授软件架构、技术领导力以及它们与敏捷之间的平衡。我在 2013 年软件架构师大会上所做的演讲 "Software Architecture & the balance with agility" 的视频 http://vimeo.com/user22258446/review/79382531/91467930a4 是对本课程内容很好的概述。我的课程和专题研讨已在欧洲、中东和美国等 20 多个国家/地区开展。

你可以选择授课方式，包括让我去你们办公室进行内训。了解更多细节，请访问 http://www.codingthearchitecture.com/training/或发邮件至 simon.brown@codingthearchitecture.com。

Part I

什么是软件架构

通过学习这部分，我们将了解软件架构是什么，架构和设计的区别，敏捷的架构意味着什么，以及为什么思考软件架构很重要。

第 *1* 章
什么是架构

在不同的人眼里"架构"一词的意思大相径庭，互联网上对架构的定义也多如牛毛。过去几年里我问过上百人同一个问题，在他们看来"架构"意味着什么。得到的答案概括如下（排名不分先后）：

- ❏ 模块、连接、依赖和接口；
- ❏ 大局观；
- ❏ 改变成本很高的事情；
- ❏ 难以改变的事情；
- ❏ 更加兼顾全局的设计；
- ❏ 接口而非实现；
- ❏ 审美（比如：艺术般的整洁代码）；
- ❏ 概念模型；
- ❏ 满足非功能需求/质量属性；
- ❏ 每件事都有"架构"；
- ❏ 沟通能力（抽象、语言、词汇）；
- ❏ 计划；
- ❏ 一定程度的严格和可靠性；
- ❏ 蓝图；
- ❏ 系统、子系统、交互和接口；
- ❏ 管理；
- ❏ 战略决策的产出；

- 必要的约束；
- 结构（组件和交互）；
- 技术方向；
- 战略和愿景；
- 结构单元；
- 实现目标的过程；
- 标准和准则；
- 整个系统；
- 工具和方法；
- 从需求到最终产品的道路；
- 指导原则；
- 技术领导力；
- 构成产品的元素之间的关系；
- 对环境约束和限制的意识；
- 基础；
- 抽象的观点；
- 把问题化整为零的过程；
- 产品的骨架、支柱。

难怪找不到一个合适的定义！好在还可以分为名词和动词两大类。无论我们谈论的是建造一个物理建筑或一个软件系统，都适用。

作为名词

架构作为名词来解释时，概括起来都与结构有关：将产品分解为一系列组件、模块和交互。这需要考虑整个产品，包括处理（建筑物的）供电、供水、空调，或处理（软件的）安全、配置、错误处理等横切关注点的基础设施服务。

作为动词

架构作为动词来解释时，包括了理解你需要构建什么、设定愿景以便于进行构建和做出恰当的设计决策。所有这些都要以需求为基础，因为需求驱动架构。关键在于，架构是关于交流愿景以及引入技术领导力的，这样参与构建产品的每个人都能理解这个愿景，并为产品的成功做出积极贡献。

第 2 章
架构的种类

单是 IT 行业就有很多不同种类的架构和架构师。下面列出了人们在被问及该问题时给出的最普遍回答（排名不分先后）：

- ❑ 基础设施；
- ❑ 安全；
- ❑ 技术；
- ❑ 解决方案；
- ❑ 网络；
- ❑ 数据；
- ❑ 硬件；
- ❑ 企业；
- ❑ 应用程序；
- ❑ 系统；
- ❑ 集成；
- ❑ IT；
- ❑ 数据库；
- ❑ 信息；
- ❑ 流程；
- ❑ 商务；
- ❑ 软件。

有些遗憾的是，这个列表中的有些词，特别是其定义相互依赖的，比其他词容易定义。比如，

"解决方案架构"到底是什么意思？对一些组织来说，"解决方案架构师"就是"软件架构师"，而有些组织则有一个特定的专注于整体"方案"设计（但不包括实施细节的讨论）的角色。类似地，"技术架构"通常指软件、硬件，或者两者兼有。

2

有趣的是，当我请人们列出他们知道的 IT 架构种类时，"软件架构"往往是最后被提及的。这或许反映了这个词带给人们的困惑。

它们的共同点是什么

那么，所有这些词有什么共同点呢？除了都以"架构"或"架构师"结尾之外，所有架构类型都具有结构和愿景。

以"基础设施架构"为例，想象你要在两个办公室之间建立网络连接，而这两个办公室远隔千里。一种做法是找一卷最长的网线，然后从一个办公室直接连接到另一个办公室。假设你有足够的线缆，这可能行得通，但现实中为了达到这个目标，你要考虑很多环境约束和非功能特性。这就是架构的过程以及设定实现目标愿景的重要之处。

采用一条很长的线缆是一种方法，但由于现实世界的约束，这个方法并不可行。因为这个原因，网络往往要复杂得多，需要一组协同工作的组件来满足目标。那么从基础设施的角度出发，我们谈论结构时你期望看到的是这一领域内的通用组件，比如路由器、防火墙、包整形器、交换机等。

不管你是构建软件系统、网络还是数据库，任何成功的方案都需要你理解问题，并设定一个愿景可以和每个参与构建最终产品的人沟通。不论何种领域的架构，其实主要就是结构和愿景。

第*3*章
软件架构是什么

乍一看，"软件架构"似乎很容易定义。它就是讲软件的架构，对吧？没错，但它并不局限于软件。

应用程序架构

对于我们软件开发者来说，最熟悉的应该是应用程序架构，特别是通常由单一技术编写的"应用程序"（比如 Java 网络应用程序、Windows 桌面应用程序，等等）。应用程序架构的关注点是应用程序，通常包括将应用程序解构为类和组件，确保设计模式的正确应用，构建或使用框架，等等。本质上，应用程序架构谈论的是软件设计的低级别切面，通常只考虑单一的技术栈（比如 Java、微软.NET 等）。

结构单元主要以软件为基础，包括编程语言和结构、类库、框架、API 等。它由类、组件、模块、函数、设计模式等加以描述。应用程序架构着重考虑软件和代码组织。

系统架构

我喜欢把系统架构看作是更大规模的应用程序架构。大多数软件系统实际上是由横跨不同层次和技术的多个应用程序组成。举个例子，你可能有这样一个软件系统，Java EE 中间层消费 Oracle 数据库提供的数据，同时向.NET Silverlight 客户端提供 Web 服务。每个部分都有自己的应用程序架构。

要让整个软件系统工作起来，就要思考如何组合这些单独的应用程序。换句话说，要有端到端软件系统在较高层次上的整体结构。另外，大多数软件系统都不是孤立的，因此系统架构还关注互操作性和与环境中其他系统的集成。

结构单元就是各种软硬件，从编程语言和软件框架到服务器和基础设施。跟应用程序架构相比，系统架构描述为从组件和服务到子系统等更高层次的抽象。系统架构的定义大多数都包括了软件和硬件。毕竟，一个成功的软件系统离不开硬件，即使是云上的虚拟硬件。

软件架构

应用程序和系统架构相对较容易理解，但人们对"软件架构"一词的理解不尽相同。我想把软件架构定义得尽可能简单，而不去受制于各种定义的复杂性和细微差别。对我而言，软件结构就是应用程序和系统架构的结合。

换句话说，从代码结构和基础到将代码成功部署到生产环境，与一个软件系统重要元素相关的所有东西就是软件架构。从开发者的角度考虑软件开发，关注点多数会放在代码上。在这里，我们考虑的是有助于构架更好软件的东西，比如面向对象的原则、类、接口、控制反转、重构、自动化单元测试、代码整洁和其他不胜枚举的技术实践。如果你团队里的人都只考虑这些，那么谁来考虑其他事情？

- ❑ 横切关注点，比如登录和异常处理；
- ❑ 安全性，包括认证、授权和敏感数据保密；
- ❑ 性能、可伸缩性、可用性和其他质量属性；
- ❑ 审计及其他监管需求；
- ❑ 客观环境的约束；
- ❑ 互操作性、与其他软件系统的集成；
- ❑ 运营、支持和维护的需求；
- ❑ 结构和整个代码库解决问题、实现特性的方法的一致性；
- ❑ 评估正在构建的基础有助于交付按计划进行。

有时你需要退一步，远离代码和你的开发工具。这并不意味着低层次的细节不重要，因为可用的软件最终还是要靠交付可运行的代码。细节同样重要，但就大局而言，对软件的整体视角可以确保你的代码符合整体愿景而非背道而驰。

企业架构：战略而非代码

企业架构一般是指整个组织的中心工作，着眼于如何组织与利用人员、流程和技术来使企业有效和高效地工作。换句话说，它是关于企业如何分成组或部门，业务流程如何在上层运作，以及技术如何支撑这一切。这跟软件架构形成了强烈对比，因为企业架构没有必要关注技术细节。相反，企业架构可能看重的是如何在整个组织中最好地利用技术，而无需实际介入这些技术的工作原理。

有些开发者和软件架构师把企业架构看作职业发展的下一站，然而大多数人却并非如此。从事企业架构工作所需的思维方式和软件架构大相径庭，对于技术及其在组织中的应用，视角很不一样。企业架构需要更高层次的抽象。这关乎广度而非深度，关乎战略而非代码。

第 4 章
敏捷软件架构是什么

以我的经验，人们用"敏捷"一词指代的往往不止一件事情。首当其冲就是软件开发的敏捷方法[1]；快速行动，拥抱变化，持续交付，接收反馈，不一而足。与敏捷思维模式相关的第二个意思是，人们如何在敏捷环境中一起工作，通常包括了团队动态、系统思维、心理学以及其他可能会跟创建高效团队联系在一起的事情。

先把后面提到的这些"肤浅的东西"放到一边，在我看来，给软件架构打上"敏捷"的标签就意味着它能够应对所处环境中的变化，适应人们提出的不断变化的需求。这跟敏捷团队创建的软件架构不尽相同。以敏捷方式交付软件并不能保证得到的软件架构是敏捷的。事实上，以我的经验，发生相反的事情通常是因为团队更关注交付功能，而非架构。

理解"敏捷"

要理解你的软件架构需要多敏捷，就应该看看敏捷究竟是什么。美国空军战斗机飞行员约翰·博伊德（John Boyd）提出了一个名为 OODA 循环的概念[2]。本质上，这个循环构成了基本的决策过程。想象一下，你是一个正与敌人缠斗的战斗机飞行员。为了击败对手，你需要观察情况，确定自己的方位（比如做一些分析），决定做什么，并采取行动。在激烈的战斗中，为避免被对手击落，这个循环要执行得尽可能快。博伊德说，如果你能洞悉对手的 OODA 循环，执行得比他更快，就能混淆视听，误导对手。如果你比对手更敏捷，就能成为最后的赢家。

---

① http://agilemanifesto.org

② http://en.wikipedia.org/wiki/OODA_loop——观察、定向、决策和行动，Observe、Orient、Decide、Act。

——译者注

在一篇题为 "What Lessons Can the Agile Community Learn from A Maverick[1] Fighter Pilot"（敏捷社区能从特立独行的战斗机飞行员身上学到什么）[2]的论文中，不列颠哥伦比亚大学的史蒂夫·阿道夫引用了博伊德的概念，将其应用于软件开发，得出的结论是敏捷是相对的，且按时间来衡量。如果你的软件团队交付的软件跟不上所处环境的变化，就不算敏捷。如果你在一个庞大而行动缓慢、鲜有改变的组织中工作，很可能交付软件要花费数月，却仍被组织认为是"敏捷"的；在一个精益初创团队中，情况多半就不一样了。

好的架构带来敏捷

产生这个讨论的动力是好的软件架构能带来敏捷。尽管面向服务的架构（SOA[3]）因为过于复杂、臃肿和粗糙的实现而被一些组织看作肮脏的词汇，但软件系统由小型微服务[4]构成仍呈一种增长趋势，每个服务只专注做好一件事。一个微服务通常可能不到 100 行代码。如果需要改变，服务可以用另一种语言重新编写。这种架构风格以多种方式提供了敏捷。小型、松耦合的组件和服务可以孤立地构建、修改和测试，甚至根据需求变化移除和替换。因为能够加入新组件、服务并在需要时扩展，这种架构风格也很适合非常灵活和可适配的部署模型。

然而，天上不会掉馅饼。构建一个这样的软件系统需要时间、精力和准则。很多人也不需要这种水平的适应性和敏捷性，这就是为什么你看到那么多团队构建的软件系统实际上整体感强得多，各部分捆绑在一起并以单一单元部署。尽管更易于构建，然而这种架构风格在面对变化的需求时通常要花费更多精力去适配，因为功能往往交织在代码库中。

在我看来，两种架构风格各有优缺点，应该在权衡利弊之后，再决定是构架一个整体系统还是几个微系统。和 IT 行业中所有的事情一样，在这两者之间也有中间地带。抱着实用主义的想法，你总能选择构建一个由很多定义好的小组件构成，但仍作为单一单元部署的软件系统。这也让你有可能在将来轻松地迁移到微服务架构。

---

① Maverick 是电影《壮志凌云》中汤姆·克鲁斯饰演的飞行员的代号。——译者注

② http://ieeexplore.ieee.org/xpl/articleDetails.jsp?tp=&arnumber=1667567

③ Service-Oriented Architecture,http://en.wikipedia.org/wiki/Service-oriented_architecture。——译者注

④ http://www.infoq.com/presentations/Micro-Services

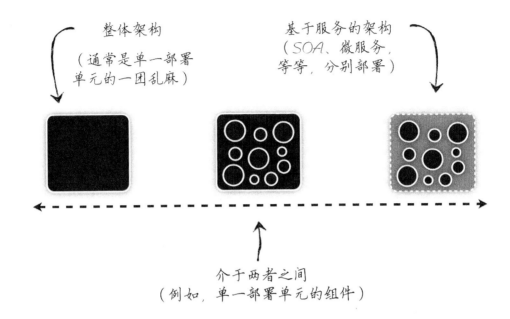

整体架构

（通常是单一部署
单元的一团乱麻）

基于服务的架构
（SOA、微服务、
等等，分别部署）

介于两者之间

（例如，单一部署单元的组件）

不同的软件架构提供不同层次的敏捷

你需要有多敏捷

理解组织或业务变化的速度很重要，因为这能帮助你决定采用何种架构风格，可能是整体架构、微服务架构或者介于两者之间。要理解这种权衡并做出相应的选择。敏捷不是白来的。

第 5 章
架构对上设计

如果架构是关于结构和愿景的，那设计又是什么？如果你在创建一个解决问题的方案，这不就是设计吗？如果确实如此，那设计和架构有什么区别？

找出区别

对于架构和设计的区别，格雷迪·布奇（Grady Booch）有一个常被引用的定义，可以很好地回答这个问题。在 On Design[①] 一文中，他说道：

> 作为名词，设计是指一个系统内命名的（尽管有时无法命名）结构或行为，解决或有助于解决该系统的一个或多个问题。因而设计代表了潜在的决策空间中的一个点。

思考任何一个需要解决的问题，可能都有 101 种方法。以你目前的软件项目为例，要实现同一目标，可能有多种不同的技术、部署平台和设计方法可选。即使是设计软件系统，你的团队也只是从潜在决策空间里的很多个点中选择一个。

格雷迪还说：

> 所有架构都是设计，但并非所有设计都是架构。

这很有道理，因为创建一个解决方案本质上就是一次设计练习。然而，出于某些原因，有一个区别使得并非所有设计都是"架构"，对此他声明：

---

① 原文给出的链接 http://www.handbookofsoftwarearchitecture.com/index.jsp?page=Blog&part=2006 已失效，可访问 https://www.ibm.com/developerworks/community/blogs/gradybooch/entry/on_design?lang=en 阅读文章。——译者注

　　架构反映了使一个系统成型的重要设计决策，而重要性则通过改变的成本来衡量。

从本质上讲，格雷迪认为重要决策即"架构"，其他的都是"设计"。在现实世界中，架构和设计的区别并不明显，但该定义确实为我们提供了一个基准，去思考在我们的软件系统中哪些可能是重要的（或者说"架构的"）。比如说，这可能包括：

- ❑ 系统的形态（例如，客户端 – 服务器、基于 Web、原生移动客户端、分布式、异步，等等）；
- ❑ 软件系统的结构（例如，组件、层、交互，等等）；
- ❑ 技术选择（即编程语言、部署平台，等等）；
- ❑ 框架选择（例如，Web MVC[①]框架、持久性/ORM[②]框架，等等）；
- ❑ 设计方法/模式选择（例如，针对性能、可伸缩性、可用性等的方法）。

架构决策不可能轻易反悔，那会大费周章。或者说直白点，架构决策很难在一个下午就完成重构。

理解意义

　　后退一步想想哪些对你的软件系统很重要，这往往是值得的。例如，很多团队使用关系型数据库，这个选择可能被认为很重要。为了减少在数据库技术变化时必要的返工量，很多团队会使用 Hibernate 或 Entity Framework 这样的 ORM 框架。引入额外的 ORM 层使得数据库操作能与代码的其他部分解耦，而且理论上，不用花费很多精力就能独立地切换数据库。

　　引入额外层的决策是将某个部分从软件系统中解耦的经典技术，促进了低耦合、高内聚和更好的关注点分离。此外，有了 ORM 以后，可能一个下午就完成了数据库的切换。从这一点来说，从架构上它不会再被看作是重要的。

　　然而，当数据库的选择可能不再被当作重要决策时，通过引入额外层实现解耦就应该是重要决策。如果你想知道为什么，试想把你当前所用的 ORM 或 Web MVC 框架完全替换成另一个，要花多长时间。当然，你可以在所选的 ORM 上再添加其他层，以隔离业务逻辑，并提供轻松替换 ORM 的敏捷性。但是，你又做出了另一个重要决策：引入了额外的分层、复杂性和成本。

　　尽管"重要决策"没法彻底消失，但能通过架构分层等多种策略来改变。软件系统架构流程的一部分就是搞清楚哪些是重要的及为什么。

---

① Model-View-Controller，模型 – 视图 – 控制器。——译者注
② Object-Relational Mapping，对象关系映射。——译者注

第 *6* 章
软件架构重要吗

那么，软件架构重要吗？敏捷和软件工艺运动帮助提升了我们构建的软件系统的品质，这非常好。它们一起帮助我们在谨慎管理时间和预算限制的同时，写出更好、更能满足业务需求的软件。但是我们能做得更多，因为即使是少量的软件架构，也能帮助预防项目的很多问题。成功的软件项目不仅仅是好的代码，有时候你要暂时跳出代码，总览大局。

缺乏软件架构将引发问题

既然软件架构是关于结构和愿景的，那你可以说它总是存在的。我同意，确实如此。说了这么多，显而易见，不思考软件架构（以及"大局"）会导致团队经常遭遇一些常见问题。问问你自己下面这些问题：

- ❑ 你的软件系统有良好定义的结构吗？
- ❑ 团队里每个人都以一致的方式实现特性吗？
- ❑ 代码库的质量水平一致吗？
- ❑ 对于如何构建软件，团队有共同的愿景吗？
- ❑ 团队里每个人都得到了足够的技术指导吗？
- ❑ 有适当的技术领导力吗？

如果上面某些问题的答案是"不"，那就需要很好的团队和很好的运气才可能成功地交付一个软件项目。如果没人思考软件架构，最终结果往往看起来像一团乱麻（big ball of mud）①。当

---

① http://www.laputan.org/mud/

然，会有一个结构，但不是你想要的！其他副作用还包括软件系统太慢、不安全、脆弱、不稳定、难以部署、难以维护、难以改变、难以扩展，等等。我敢肯定你从没见过或参与过这样的软件项目，对吗？你没有，我也没有。

既然软件架构是每个软件系统都固有的，那我们为什么不干脆承认这一点，放一些心思在上面？

软件架构的好处

思考软件架构能带来哪些好处？总结如下：

- 让团队跟随一个清晰的愿景和路线图，无论这个愿景是一人所有还是整个团队共有；
- 技术领导力和更好的协调；
- 与人交流的刺激因素，以便回答与重要决策、非功能需求、限制和其他横切关注点相关的问题；
- 识别和减轻风险的框架；
- 方法和标准的一致性，随之而来的结构良好的代码库；
- 正在构建的产品的坚实基础；
- 对不同的听众，以不同层次的抽象来交流解决方案的结构。

所有软件项目都需要软件架构吗

我不会给出"看情况"这种典型的咨询式回答，相反我会说答案毫无疑问是肯定的，并提醒每个软件项目都应该考虑多种因素，以评估必需多少软件架构的思考。这些包括了项目/产品的大小、项目/产品的复杂性、团队的大小和团队的经验。对于多少是"刚刚好"，将在本书其他部分探讨。

第 7 章
问 题

(1) 你知道"架构"都说些什么吗？你所在团队的其他人知道吗？你所在组织的其他人呢？

(2) IT 领域有很多不同类型的架构。它们有什么共同之处？

(3) 你和团队对"软件架构"的含义有一个标准定义吗？你能够轻松地向团队的新成员解释吗？这个定义在你所在组织通用吗？

(4) 如果用"敏捷"来描述一个软件的架构，是什么意思？你如何面向"敏捷"进行设计？

(5) 你能够把你当前软件项目所做的架构决策列一个清单吗？它们被视为重要的原因明显吗？

(6) 如果从代码后退一步，你的软件系统的"大局"中包含了哪些事情？

(7) 你所在组织的技术职业发展怎么样？企业架构会是你的出路吗？

(8) 软件架构重要吗？为什么，好处是什么？你的软件项目的架构足够吗？还是太多了？

Part II

软件架构的角色

这部分将关注软件架构的角色，包括软件架构的角色是什么，需要哪类技能，以及为什么编码、指导和合作很重要。

第 8 章
软件架构的角色

要成为一名软件架构师，绝非一夜之间或一次晋升那么简单。这是一个角色，而不是一个级别。这是一个循序渐进的过程，你会逐渐获得这个角色所需的经验和信心。"软件开发者"这个词很容易理解，而"软件架构师"则不然。下面是我认为构成软件架构角色应有的内容。注意，我这里说的是"角色"；它可以是一个人，也可以由团队共同扮演。

1. 架构驱动力

这个角色首先要理解业务目标和管理架构驱动力，其中包括需求（功能性需求和非功能性需求）和环境的限制。软件项目经常纠缠于询问用户需要什么功能，却很少问他们有哪些非功能性需求（或质量属性）。有时候利益相关者会告诉我们"系统一定要快"，这太主观了。非功能性需求和限制往往对软件架构有巨大的影响，因此明确地将其纳入软件架构的角色，可以保证它们被考虑到。

2. 设计软件

设计软件的过程是软件架构角色的一部分，这一点应该在意料之中。这涉及要理解如何解决架构驱动力带来的问题，创建软件系统的整体结构，并为交付设定一个愿景。不管你想做到多敏捷，你可能都需要花一些时间去明确思考架构要如何解决利益相关者提出的问题，因为你的软件系统自己搞不定它们。

软件设计的一个关键部分是技术选择，这通常是一个有趣的练习，但也有一定的挑战。例如，有些组织有一份允许使用的技术清单，你只能从中选择，有些组织则规定不允许使用特定许可的开源技术。接下来是其他所有因素，比如成本、许可、供应商关系、技术战略、兼容性、互操作性、支持、部署、升级策略、最终用户环境，等等。这些因素掺杂在一起，常常会把选择一个富客户端技术之类的简单决策彻底搞成一场噩梦。需要有人负责这个技术选择的过程，这完全属于软件架构角色的职责范围。

3. 技术风险

到目前为止的内容可以帮你专注于构建好的解决方案，但并不能保证成功。把最好的设计和最好的技术简单地拼凑在一起，并不意味着整个架构就会成功。你选择的技术是否真的奏效，也是个问题。很多团队都有"做不如买"的战略，为了可能会节约成本而去使用一些（商业或开源的）产品。然而，很多团队也因为听信供应商网站或西装革履的销售人员的宣传，结果遭了殃。似乎很少人会问技术是否真的以设想的方式工作，能证明的人更少。

技术选择其实就是风险管理，当复杂度或不确定性高的时候降低风险，有利可图时再冒点险。所有的技术决策，在做出选择时都要把全部因素考虑在内，这些技术决策也需要评审和评估。这可能包括一个软件系统所有的主要结构单元，下至在开发过程中引入的库和框架。

你要问自己的问题是，你的架构是否"管用"。对我来说，一个架构如果能满足非功能性需求，在给定的环境约束下有效，能为其他代码提供必要的基础，作为平台能解决潜在的业务问题，那就是管用的。软件最大的一个问题就是，它复杂而抽象，很难通过图表甚至代码本身可视化一份软件在运行时的特征。此外，我并不总是相信自己第一次就能做好。当然了，说不定你可以！

在整个软件开发的生命周期中，为了有信心让所构建的系统在交付时能正常工作，我们会进行多种类型的测试。那为什么不对架构也这样做？如果能测试架构，我们就能证明它是管用的。如果可以做得尽可能简单，我们就能降低项目失败的整体风险。架构师应该像优秀的主厨一样，品尝自己生产的东西。概括地说，就是主动发现、减轻和承担高优先级的技术风险，这样才能保住你的项目和工作。

4. 架构演化

很多时候，软件先被设计好，然后交给开发团队，实际上在把软件开发当作接力运动来处理。结果适得其反，因为这样的软件架构需要照顾。得有人看着它，在整个交付过程中依据不断变化的需求和团队反馈来对其演化。如果架构师创建了一个架构，为什么在整个交付过程的其他时候不自己拥有和演化这个架构？这关乎持续的技术领导，而不是仅仅参与生命周期的开始阶段，然后泰然处之、袖手旁观。

5. 编写代码

我认识的大多数最优秀的软件架构师，都有软件开发的背景，但由于种种原因，许多组织并不认为写代码是软件架构角色的一部分。做一个"实践派软件架构师"并不一定指涉足日常的编码任务，但确实意味着你要持续地参与到交付中，积极地帮助引导和塑造它。说了这么多，为什么日常编码工作不应该是软件架构角色的一部分？

许多软件架构师都是构建大师，所以经常练手是有意义的。此外，编码为架构师提供了一种与团队分享软件开发经验的方式，从而帮助他们更好地理解如何从开发的角度看待架构。许多公司都有阻止软件架构师参与编码工作的政策，因为他们的架构师"太宝贵了，不该承担日常编码工作"。这显然是错误的，如果你不打算让软件架构师为成功交付做出自己的贡献，为什么还要让他们为软件设计投入全部精力？

当然，有些情况下要参与到代码级别并不实际。例如，一个大型项目通常意味着要照看更大的"大局"，有可能你根本没时间写代码。但是一般来说，一个写代码的软件架构师会更有成效也更快乐。你不应该因为"我是架构师"，就把自己排除在编码之外。

6. 质量保证

即使有了世界上最好的架构，糟糕的交付也能让原本可以成功的软件项目失败。质量保证应该是软件架构角色的一部分，但它的内容不只是代码评审。你要保证一条基线，它可以是引入一些标准和工作实践，如编码标准、设计原则和工具。质量保证也包括确保团队对架构实现的一致。管它叫架构服从还是架构一致取决于你，但都要遵循技术愿景。

可以肯定地说，大多数项目没有做足够的质量保证，因此，你要弄清楚什么是重要的，并确保它有充分的保证。对我来说，只要是架构上显著的、业务上关键的、复杂的和高度可见的，都是一个项目的重要组成部分。你要务实地认识到没办法保证每件事。

合作或失败

一个软件系统很少孤立存在，可能有不少人要为整个架构过程作贡献。这包括了从需要理解和认同架构的直接开发团队，一直到那些对安全性、数据库、运营、维护或支持感兴趣的人组成的扩展团队。任何担任软件架构角色的人都需要与这些人合作，以确保架构能与周围环境成功整合。如果不合作，就等着失败吧。

技术领导是一个角色而非级别

软件架构的角色基本上就是向软件团队引入技术领导，有必要重申的是，我这里谈论的是一个角色，而非职务级别。通常，大型组织会作为对长期服务的奖励，或者因为想给某人加薪，而搬出"架构师"的头衔。如果接受这个头衔的人具备承担这个角色的能力，那就没问题，但情况并不总是如此。如果你订阅过 LinkedIn 或 Stack Overflow 的软件架构讨论组，可能见过类似的问题：

> 嘿，我刚晋升为软件架构师，但我不知道该干些什么。救救我！我要看什么书？

尽管无法阻挡一些组织让人晋升到超出其能力的角色，我还是可以描述自己对软件架构角色的看法。设计软件可能是这个角色乐趣的一部分，但一个成功的软件项目远不止如此。

提出你自己对这个角色的定义

根据我的经验，尽管很多软件团队都明白自己需要软件架构这个角色，却往往没有一个参考定义。少了这个定义，很可能就无法履行这个角色的部分或全部职责。

大多数跟软件开发团队有关的角色都比较容易理解——开发人员、测试人员、流程经理、产品所有者、业务分析师、项目经理，等等。软件架构角色？不清楚。我经常问软件团队对软件架构角色有没有参考定义，常见的回答不外乎"没有"或"有，但我们不用"。同一个团队的人往往会给出不同答案。

软件架构的必要性通常是公认的，但这个角色的责任往往并不明确。根据我的经验，这可能导致没有人承担这个角色，或者有人被安排了这个角色，却不真正了解应该怎么做。如果没有理解角色，就不会发挥相应的作用，更遑论培养未来的软件架构师。

不管你怎么称呼它（比如架构师、技术主管、首席设计师等），我的建议都很简单。如果你没有什么东西可以用来表达"这就是我们对软件架构师的期望"，花些时间想想这回事。首先，对于对软件架构角色的期望，要跟你的团队达成共识；然后，如果看到益处，就在你的组织里对其标准化。

第 *9* 章
软件架构师应该编码吗

既然我创建了一个叫作编码架构的网站[1]，我猜这个问题的答案就不出人意料了。在我理想的世界观中，软件架构师应该编码。曾经有人告诉我，优秀架构师的重要特征是抽象思维能力，也可以理解成不把所有时间都耗在细节里的能力。这没错，但你画的那些框框线线终归要形成代码。

编写代码

我的建议是让编码成为你作为软件架构师角色的一部分，只要把自己当作软件开发团队的一份子就行了。换句话说，你有一顶软件架构的帽子和一顶编写代码的帽子。你不见得要成为团队里写代码最厉害的，但参与到实践和交付流程的好处非常大。毕竟，"知"和"行"还是不同的。

团队欣闻你要贡献代码，通常会受到鼓励，确保你的设计能落到实处。如果没有，那么一旦你站在开发者的角度明白了这个问题，很快就能体会到那种痛苦。

创建能实际实现的软件架构，这样做的好处显而易见，除此之外，贡献代码还能帮助你和团队建立起融洽的关系，有助于缩短存在于很多软件团队的架构师和开发者之间的距离。引用瑞秋·戴维斯（Rachel Davies）和丽兹·赛德利（Liz Sedley）在《敏捷教练：如何打造优秀的敏捷团队》[2]一书中说的话：

---

① http://www.codingthearchitecture.com
② http://pragprog.com/book/sdcoach/agile-coaching

如果你了解如何编程，往往会忍不住对开发者该如何编写代码提出建议。小心，因为你可能在浪费时间：如果你没有参与项目的编程，开发者多半会无视你的编码经验。他们还会认为你越权，影响了他们的工作，所以尽量别在这方面指指点点。

构建原型、框架和基础

当你被看作开发团队的一员时，软件架构的角色可能会轻松得多，然而有时这却不太可能。晋升或被指定为软件架构师带来的一个问题在于，你可能会发现自己不能像期望的那样写很多代码。这可能因为时间压力，因为你有很多“架构”工作要做，或者只是公司政策不允许你写代码，我见过这样的情况。如果是这样的话，对软件系统中有疑问的概念构建原型和证明是一个很好的参与方式。这让你可以和团队建立起融洽的关系，也是评估你的架构是否管用的好办法。

作为替代，你可以帮助建立团队可用的框架和基础。试着抵挡住构建好这些东西再交给团队的诱惑，因为这样可能会适得其反。软件开发非常容易赶潮流，所以小心别构建出一个东西却被团队当作毫无价值的过时破烂！

进行代码评审

显然没有什么能代替给真正的项目编码，我也不推荐把代码评审作为一个长期的战略，但参与（或做）代码评审至少能让你了解新技术及其应用。对于你没有经验的技术，挑剔或参与讨论可能会损害你的名声。我记得自己曾不得不向一个从未写过一行 Java 代码的架构师解释自己的 Java 代码。那很无聊。

实验并与时俱进

你需要保持一定水平的技术知识，才能称职地用它来进行方案设计。但是，如果无法对交付做出贡献，作为架构师的你要如何维持编码技能？

在工作之外你往往有更多的空间来维持编码技能，从贡献开源项目，到不断尝试你感兴趣的最新语言、框架、API。书、博客、播客、会议和聚会都能达到这个目的。但有时候你必须跳出代码。这些事我当然都做过，乘坐公共交通工具长途通勤的一个好处是你有时间去玩技术。当然了，前提是你经过一天的辛勤工作还不犯困的话！

软件架构师和雇主之间的矛盾

我很幸运，我的软件架构角色中有相当部分的实践元素，大多数我参与的项目都有我的代码。我坚定地认为，机会是自己创造的。我仍然动手实践的原因可以这样表述：它是这个角色的重要组成部分。对我来说这很简单。设计软件时，编码是必不可少的，因为我需要熟悉最新的技术，搞清楚我设计的哪些东西能工作。另外，我得承认编码很有趣。

可惜，许多组织似乎认为编码是软件开发过程中最容易的部分，因此他们通常让另一个国家的其他人来做这件事，以为这样能省钱。好的代码在这样的组织看来也是"低价值"的。组织中软件架构师的资历和编码工作的价值就脱节了，矛盾由此产生。

以我的经验，小组织不会发生这种事，因为需要人手时每个人都要参与进来。是的，那些大型组织里的矛盾最严重。我曾在一个中等规模的咨询公司工作过一段时间，我的职位等级把我归入管理团队，但我仍会写代码。在某些方面，顶着"行政经理"的头衔，又能每天写代码，真是了不起的成绩！但有时这也让人很不舒服，因为其他经理经常会试图在其组织架构图里加上我的名字。

陷入这种情况是很麻烦的，只有你自己能摆脱它。无论你是在一个正在发生这种事的组织，还是想要离开是非之地，都要搞清楚你对软件架构师这个角色的看法，并准备好坚守自己的立场。

你不必放弃编码

说到这一点，我会经常被问及"如果软件架构师打算在公司的职业道路上有所作为，是否还能继续编码"，也就不奇怪了。这真是羞耻，尤其是如果这些人真的很喜欢他们所做的技术。

对此我的态度绝对是肯定的，你可以继续写代码。对我来说，听到人们说"好吧，为了成为架构师或在职业道路上更进一步，我明白自己不得不放弃编码了"，是相当令人沮丧的。有很多组织是这样的，肯定有很多人被告知组织中的高级职位不需要写代码。

软件架构师在满足非功能性需求、进行技术质量保证、确保软件符合其用途等方面，要承担很大的责任。这是一个领导的角色，编码（以身作则）是保证项目成功最好的方式之一。此外，如果软件架构师不保持技术能力，谁来培养更多未来的软件架构师？

不要把全部时间都用于编码

重申一下我的建议，软件架构师不必放弃编码。无论你怎么做，在不断变化的世界中，编码是一个保持技术能力的好办法。很多人认为软件架构是一种"后技术"的职业选择，但除了丰富的经验和更宽的知识面，它还需深厚的技术能力，需要能够回答设计是否真的管用这类问题的 T 形人才。把这归为"实现细节"是不可接受的。只是别把时间都花在编码上。如果你花全部时间写代码，那软件架构角色的其他部分由谁来扮演？

第10章
软件架构师应该是建造大师

把建筑的隐喻应用到软件不见得合适，尽管在中世纪，设计建筑的人只是极少数，却组成了建造大师的高端社团。之所以做这样的隐喻，是因为建造大师名副其实是他们这门学问的大师，一旦达到了这种高度，建造大师是继续建造还是让其他名气不大的人来做？几百年后，我们似乎又在对软件行业问同样的问题。

联盟的状态

在过去的十年间，由于"大型预先设计"和"分析麻痹"等问题，软件架构已经失宠。这多半源于为了更有效地交付软件系统，敏捷方法作为主要的催化剂，减少了很多团队都要做的预先思考的工作量，结果现在"架构师"在软件团队里往往被看作是多余的。很多团队都向着扁平化和自组织努力，从表面上看这不需要再专设技术领导。

另一个因素是，许多人认为架构师都在做高层次的抽象思维。我相信你已经见过"象牙塔架构师"或"PPT架构师"等说法，用来指代那些设计解决方案时从不考虑细节的人。如果我们回顾一下过去，这可不是架构师的角色。

回顾过去

如果你追溯"架构师"（architect）一词在拉丁语（architectus）和希腊语（arkhitekton）的源头，直译就是"首席建筑师"，从字面上看，这些人是他们这行中的佼佼者。在中世纪，"建筑师"一词指"石匠大师"，因为石头是当时的主要建筑材料。下面这句话对这个角色做了很好的总结[①]：

① http://www.moonshadow.co.uk/?p=66

石匠大师，就是石头的操作者、艺术家和设计师。

这句话同样适用于我们软件开发者。

建造大师真的会建造吗

关键问题是，建造大师是否真的建造了什么？如果你研究一下人们如何实现"石匠大师"的角色，就会发现一些类似的东西[1]：

尽管石匠大师受人尊敬、通常也很富有，然而在达到行业顶峰之前，他必须经历石匠、监督的历练来证明自己的价值。

架构师的维基百科页面说了相同的话[2]：

在古代和中世纪的历史中，大多数建筑设计和建设都是工匠完成的：下至石匠和木匠，上至建造大师。

有趣的是，对于这些石匠大师参与过多少建筑，并没有一个统一观点。比如[3]：

他实际上做了多少，其实是有争议的。这个术语可能会有所不同，但是，以我的理解，中世纪石匠大师基本的组织和角色跟今天的首席建筑师是类似的：这也许反映了建筑建造不变的基本。

真正有意义的是看看这个角色承担了什么。引用另一段话[4]：

顶尖的石匠就是一个石匠大师。然而，建筑大师这个头衔，指的是全面负责建筑工地、让石匠大师们为他工作的那个人。建筑大师也负责木匠、玻璃工匠等。实际上，每个建筑工地上的人都在建筑大师的监督下工作。

再加一些额外的细节[5]：

然后，石匠大师为将要建造的东西设计结构、美学和象征等方面的特性，组织后勤，还要评定工作的优先级并决定它们的顺序。

---

[1] http://suite101.com/article/the-medieval-stonemason-and-the-master-mason-a65816

[2] http://en.wikipedia.org/wiki/Architect

[3] http://www.moonshadow.co.uk/?p=66

[4] http://www.historylearningsite.co.uk/medieval_masons.htm

[5] http://www.moonshadow.co.uk/?p=66

象牙塔

如果这听起来很熟悉，等一等，看看团队过去是如何工作的[1]：

> 每一个小石匠都遵循大师设定的方向和对主要结构或美学的所有决定，解决那些问题都是大师的工作。

显然，容易看出很多软件团队的传统运作方式与此相似，敏捷软件开发团队希望采用一种不同的方法也就不奇怪了。很多现代的软件开发团队试图让一群人分担技术领导者的角色，而不是安排一个远离细节的专门角色。当然，很多架构师远离细节的主要原因之一是他们没有时间。这通常导致架构师在现实的团队日常工作中被移除，慢慢变得脱离实际。过去的石匠大师也被这个问题困扰[2]：

> 看起来同时进行多个任务是很平常的事情，石匠大师很少参与体力工作（即使身体条件允许）也就不足为奇。1261 年，尼古拉斯·德·比亚德（Nicholas de Biard）在布道中斥责"只靠言语就做判断"的石匠大师的明显懒惰，给出了这一假设的证词。

下面这段话来自瑞秋·戴维斯和丽兹·赛德利所著的《敏捷教练：如何打造优秀的敏捷团队》[3]，突出了这种现象在软件行业中造成的一个常见后果：

> 如果你了解如何编程，往往会忍不住对开发者该如何编写代码提出建议。小心，因为你可能在浪费时间：如果你没有参与项目的编程，开发者多半会无视你的编码经验。他们还会认为你越权，影响了他们的工作，所以尽量别在这方面指指点点。

为了掩盖这种局面，很多人会把软件架构的角色看作其组织内的一个高级职位或级别，从而加剧了开发者和架构师之间的脱节。看来，石匠大师也有相同的境遇[4]：

> 为了避免这种争斗，文艺复兴后期的艺术家们不再被视为只是普通的工匠，而石匠大师似乎被神话（在我看来）为贵族后裔。此外，由于对所掌握知识秘而不宣，他们制造了一种神秘感，让自己有别于其他不那么"神秘"或"高尚"的职业。

建造大师角色的差异

多数看法都一样：建造大师并没有太多时间去建造，尽管他们具备这样的技能。回到软件行业，软件架构师应该写代码吗？我直截了当地回答："理论上，是的。"更完整的答案可以在这本

① http://www.moonshadow.co.uk/?p=66

② http://www.moonshadow.co.uk/?p=66

③ http://pragprog.com/book/sdcoach/agile-coaching

④ http://www.moonshadow.co.uk/?p=66

书里面找到。为什么？因为技术不是一个实现细节，你需要理解为自己的决定所做的取舍。

那么现代建筑师为什么不为实际的建造过程出力呢？为了回答这个问题，我们要看看这个角色这些年是如何演化的[1]：

> 在古代和中世纪的历史中，大多数建筑设计和建设都是工匠完成的：下至石匠和木匠，上至建造大师。直到现代，建筑师和工程师之间也没有明显的区别。在欧洲，建筑师和工程师的头衔主要因地域不同而经常交替使用，但指的都是同一个人。

结构工程的维基百科页面[2]提供了更多信息：

> 自从人类开始修筑属于自己的结构，结构工程就出现了。在 19 世纪末的工业革命期间，建筑专业体现出了与工程专业的不同，成为一个更正式的专业。直到那时，建筑师和结构工程师通常还是同一个人：建造大师。19 世纪和 20 世纪初，随着结构理论专业知识的发展，专门的结构工程师才开始出现。

本质上，传统建筑师的角色已经分化为两种。一种是结构工程师，确保建筑物不倒塌；另一种是建筑师，负责与客户交流，收集他们的需求，从美学的视角进行建筑设计。马丁·福勒（Martin Fowler）的 bliki[3]有一个页面谈到了两种角色差异的意义：

> 软件架构师被看作是首席设计师，是把项目的每件事凝聚在一起的人。但建筑师可不会干这些。建筑师关注的是与想要建筑的客户交流。他的精力集中在客户觉得重要的事情上，比如建筑的布局和外观。但建筑也不仅限于此。

因其背后蕴含的包括物理定律在内的丰富知识，建筑现在被看作是一门工程学科，这些知识能够建模和预测建材的行为。相比之下，软件开发行业还比较年轻，正以惊人的速度发展。今天的建筑大多还是使用和几百年前相同的材料，但似乎我们每 20 分钟就会发明一种新技术。我们生活在"互联网时代"。除非我们这个行业发展到软件的构建方式和预测工程项目相同，否则团队中有人一直跟随技术的发展，有能力做出如何设计软件的正确决策，还是很重要的。换句话说，软件架构师还需要扮演结构工程师和建筑师的角色。

实现角色

最后，简要地说一下，人们如何实现石匠大师的角色。下面这段话来自维基百科的"石匠工艺"页面[4]：

---

[1] http://en.wikipedia.org/wiki/Architect

[2] http://en.wikipedia.org/wiki/Structural_engineering

[3] http://martinfowler.com/bliki/BuildingArchitect.html

[4] http://en.wikipedia.org/wiki/Stonemasonry

中世纪对石匠技能的需求很大，行业协会的成员按水平被划分为三个等级：学徒、帮工和石匠大师。学徒要和师傅签订契约，以此换取师傅的培训；帮工的技能要高一些，可以到外面去协助别的师傅；石匠大师被看作自由人，可以按自己的意愿选择主顾的项目。

这反映了我自己担任软件架构角色的经验。它是一个渐进的过程。像很多人一样，我的职业生涯始于在别人的监督下写代码，渐渐地，当我获得更多的经验，就开始承担更大的设计任务。不同于中世纪的建筑行业，对于如何从初级开发者到软件架构师，软件开发行业缺乏明确的路线。我们没有普遍的学徒模式。

架构师要和团队一起工作

对很多组织来说，这里有个大问题：找不到足够的架构师。虽然石匠大师可能没有太多时间自己去跟石头打交道，但还是和团队一起工作。我常常遇到一些架构师，他们要协助多个不同团队。很明显，如果和多个不同团队一起工作，要向软件交付的实践部分做出贡献是不现实的，你没有时间写任何代码。

在多个团队中扮演软件架构角色，并不是一个有效的工作方式。通常这种情况发生时，都有一个由被视为共享资源的架构师组成的中心组（比如"企业架构组"）。根据我所读到的，石匠大师任何时候都会只关注一个建筑工地，这也正是我们的软件开发团队应该采用的方法。如果你认为这不可能，就看看中世纪建筑行业是怎么解决这个问题的[1]：

每个石匠都会带一个为他工作的学徒。当石匠接下一份新工作，学徒也会跟着他。如果石匠觉得自己的学徒已经对行当足够了解，就会让他在石匠行会接受考验。

再次回到了典型的学徒模式，这也是为什么指导和辅导应该是现代软件架构角色的一部分。我们需要培养未来的软件架构师，每个软件开发团队都需要他们自己的建造大师。

---

[1] http://www.historylearningsite.co.uk/medieval_masons.htm

第*11*章
从开发者到架构师

软件开发和架构之间的界线很诡异。有些人会告诉你这个界线并不存在，架构就是由开发者负责的设计流程的延伸。另一些人则说这是一个巨大的深渊，只有志向远大的开发者才能跨过，他们坚信必须尽可能地抽象，而不拘泥于讨厌的实现细节。跟往常一样，这中间有一种务实的平衡，但它也带来了一个有趣的问题：你如何在两者之间穿梭？

一些常被用于区分软件架构和软件设计的关键因素包括规模的扩大、抽象层级的增加、做出正确设计决策的意义等。软件架构就是总览全貌，看清"大局"，才能理解软件系统整体如何工作。

这可能有助于区分软件设计和架构，然而不一定有助于理解软件开发者如何转换到软件架构的角色。此外，对于辨别谁会成为一个好的软件架构师，以及要如何招聘到他们，也没有帮助。

经验是一个好的评价标准，但你需要看得更深

你需要从软件架构师身上寻找许多不同的品质，他们过去的经验往往能很好地评判他们承担这个角色的能力。既然软件架构师是一个变化的角色，你就要看得更深，才能理解参与度、影响力、领导力和责任感的水平，这些在多个不同领域都已经论证过。结合我对软件架构角色的定义，每个部分都能够且应该单独评估。毕竟，软件设计过程看起来相当简单，要做的就是搞清楚需求，设计一个能满足它们的系统。但在现实中可不是这么简单，人们承担的软件架构角色可能千差万别。比如下面这些。

(1) 架构驱动力：捕捉和挑战一套复杂的非功能需求，还是简单地假设它们的存在。

(2) 设计软件：从零开始设计一个软件系统，还是扩展已有的。

(3) 技术风险：证明你的架构能够工作，还是盲目乐观。

(4) 架构演化：持续参与和演化你的架构，还是把它交给"实现团队"。

(5) 编写代码：参与交付的实践部分，还是袖手旁观。

(6) 质量保证：保证质量并选择标准，还是反其道而行之或无所作为。

其中大部分可以归结为是承担寻找方案的责任还是推诿问题。

模糊的界线

不管你认为软件开发与架构之间的界线是捉摸不透还是深渊，人们对于软件架构角色的经验水平各不相同。此外，软件开发和架构之间的界线某种程度上是模糊的。大多数开发者都不会在某个星期一早上醒来之后，突然宣称自己变成架构师了。我肯定不是的，我通往软件架构的道路很大程度上也是一个演化的过程。说了这么多，很可能不少软件开发者已经为承担部分软件架构的角色做好了准备，不论他们的头衔是什么。

跨越界线是我们的责任

给一个软件系统的架构出力和为之负责之间，有一个很大的差异，那就是构成软件架构角色所需的，跨越不同领域融会贯通的技能、知识和经验。能否跨越软件开发者和架构师的界线，取决于我们自己。作为个人，我们要清楚自己的经验水平，以及为了提升它我们需要关注什么。

11

第 *12* 章
拓 展 T

不管别人怎么说，软件架构都不是一个"后技术"或者"非技术"的工种。在白板上画一堆框、线和云，交出这种"软件设计"，可不是软件构架师所为。

进一步的技术能力

"T"指的是技术，这也正是优秀的软件构架师应该懂得的。作为软件开发者，我们倾向于去搞懂编程语言语法、API、框架、设计模式、自动化单元测试和其他所有日常使用的底层技术。对一个软件构架师来说，这些也是基础知识。为什么？因为扮演软件构架角色的人要懂技术，这样他们至少能如实回答以下类型的问题。

❑ 该方案是否有效？
❑ 我们要这样去构建吗？

然而，从熟练掌握不同编程语言的学习曲线来看，软件专业人员常常只精通一到两项技术。最后，这些人都会被叫作"Java 开发者"、"Oracle 开发者"什么的。我本人曾是如此，也在很多组织中目睹这种情况。如果你还对编程语言的"宗教战争"感到困惑，看看有多少这样的前缀吧。

尽管我们努力保持开放的思维，但还是受困于单一的技术栈。其实这也没什么错，但你不得不小心地保持开放思维。俗话说，"如果你只有一把锤子，一切看起来都像钉子"。获得经验是学习之旅的重要组成部分，但不要被经验束缚。比如说，并不是每个软件都需要一个关系型数据库，但在团队勾画候选的软件架构时，往往第一个就会画它。

知识面宽

这让我想谈谈为什么技术知识面宽对软件构架师来说也很重要。当然，他们可能是 Java 或者 Oracle 专家，但软件构架角色的要求更高。例如，他们要能够回答以下类型的问题。

- ❑ 和其他可选技术相比，我们所选的是否最合适？
- ❑ 对该系统的设计和构建，还有哪些选择？
- ❑ 是否应该采用一种通用的架构模式？
- ❑ 我们是否明白所做决策的利弊？
- ❑ 我们照顾到了品质属性的需求吗？
- ❑ 如何证明这种架构行之有效？

软件架构师是通才型专家

我所知大部分最优秀的软件设计师都有软件开发背景。这并不意味着他们是团队中最好的程序员，但他们能够在底层细节和大局之间切换。他们还有着深厚的技术积累，以及从多年软件构建的经验中获得的广阔的知识面。但他们不能（也不会）总是知道一切。再加上也很难找到一个只使用单一技术栈的软件系统。我在职业生涯中，见过一些采用混杂技术栈的系统，包括：

- ❑ 针对多个 Oracle 数据库的微软.NET 桌面客户端；
- ❑ 通过一组 Java EE 网络服务从 Oracle 数据库拉取数据的微软 ASP.NET 网站；
- ❑ 从 Java 编写的 REST 服务拉取数据的 iOS 和 Android 移动应用；
- ❑ 用微软.NET 或 Ruby 编写的多个服务构成的微服务架构；
- ❑ 从微软 Dynamics CRM 系统拉取数据的微软 ASP.NET 网站；
- ❑ 通过微软.NET/Windows 通信基础服务拉取数据的微软 SharePoint 网站；
- ❑ 与 SAP 集成的 Java EE 网络应用程序；
- ❑ ……

虽然一般性的设计知识、技巧、模式和方法通常适用于许多不同的技术，但不明白如何将其成功应用在底层细节上可能会导致问题。这是否意味着对任何特定软件系统中使用的所有技术，软件架构师都应该是专家？不，合作才是关键。找到那些知你所不知的人，与他们紧密合作。没有谁说软件构架的角色不能分享，而且欣然认识到你的知识差距往往往是创造更和谐的工作环境的第一步。结对编程有好处，那么为什么不能结对架构？

软件架构是技术活

支撑软件架构角色的技术知识需要深度与广度并存的知识组合。如果设计软件、画架构图的人回答不了该架构是否行之有效，那他们可能不是这项工作的正确人选。软件架构绝对是一个技术工种，但光有技术还不够，良好的软技能也至关重要。

第13章
软 技 能

本书主要讨论软件架构角色跟技术深度和广度有关的部分。但这只是一部分，我们本质上谈论的是领导的角色，"软技能"或"交际能力"也极其重要。

- ❑ **领导力**：简单来说，领导力就是创造共有的愿景，并带领人们向着共同目标前行的能力。
- ❑ **沟通**：你有世界上最好的想法和愿景，但如果不能有效地传达给其他人，也是死路一条。这包括了软件开发团队内外的人，要使用适合受众的语言和细节水平。
- ❑ **影响力**：这是重要的领导技能，从毫不掩饰的劝说到神经语言编程①或绝地控心术②，它能够以多种途径实现。通过妥协和谈判也可以达到这样的目的。每个人都有自己的想法和计划，你在处理时还得让他们都不反感，并主动地去追求你需要的结果。好的影响力也要求好的倾听和探索能力。
- ❑ **信心**：信心很重要，是有效的领导力、影响力和沟通的基础。但信心不代表傲慢。
- ❑ **合作**：软件架构角色不应该被孤立，（与其他人）合作想出更好的方案是一项值得实践的技能。这意味着倾听、谦虚和响应反馈。
- ❑ **指导**：不是每个人都对你正尝试做的事情有经验，你需要对他们进行角色、技术等方面的指导。
- ❑ **辅导**：辅导是对人进行学习方面的指引，而非告诉他们怎么做一件事。作为领导，你可能会被要求去辅导团队中的其他人。
- ❑ **动力**：这说的是保持团队愉快、开朗和积极。团队要有积极性，才会跟随你这个软件架构师所创建的任何愿景。你还要面对团队中一些人不买账的局面。

---

① http://en.wikipedia.org/wiki/Neuro-linguistic_programming
② 电影《星球大战》中绝地武士（Jedi Knights）的技能。——译者注

- ❏ 润滑剂：你经常需要退后一步，促进讨论，特别是团队内有不同意见时。这需要探索、客观，帮助团队达成共识。
- ❏ 政治：每个组织都少不了政治。我的咒语是，离得越远越好，但你至少应该明白周围发生了什么，这样才能做出更可靠的决策。
- ❏ 责任感：你不能因为失败就责备软件开发团队中的其他人，有责任感对你而言很重要。如果软件架构不能满足业务目标，无法交付非功能性需求或技术品质很差，那都是你的问题。
- ❏ 授权：授权对任何领导角色来说都是一个重要部分，作壁上观和事必躬亲之间有一条模糊的界线。你应该学会在适当的时候授权，但请记住，你授权的可不是责任。

保持积极

不管你怎么看，软件架构师都是一个领导的角色，对开发团队中不少人来说，作为软件架构师的你都可能会是重要的榜样。原因是什么？团队中的一些人可能就是有抱负的软件架构师。这种处境让人飘飘然吧？然而如果你把视线移开，还是能看到一些负面的东西。

不管你是否意识到了，你都在一个非常有影响力的位置上，你的一举一动都被整个开发团队看在眼里。不管愿不愿意，单是这一个原因，你就有改变整个团队的能量。如果你很主动，开发团队也很可能变得主动。如果你对工作充满热情，团队其他人也会很可能充满热情。如果你对每件事都很乐观，开发团队也会这样。

你几乎可以把这看作是正能量的回路，你的热情带动了团队，他们的热情也带动你。这无比梦幻，但也不难看到由于你不恰当的行为而造成的损害。任何程度的懒散、冷漠或悲观传染到团队的速度，都会比你说"但我们会没事"更快，然后你就会陷入消极的恶性循环。

我们不常谈论软件架构师的软技能，但软技能有时候比过硬的技术更重要。交付产品的团队才是愉快的团队。作为领导，让团队保持积极是你的责任，你的角色在整个团队中不应被低估。

13

第 *14* 章
软件架构不是接力运动

更敏捷的软件团队很可能由除了一项核心专长，还具备更多综合知识和经验的通才组成。理想状况下，这些跨领域的团队成员会一起工作，运作和交付一个软件项目，承担从收集需求和架构到编码和部署的所有事情。尽管很多软件团队都朝自组织的方向努力，然而现实中他们往往更大、更混乱，而且由专才构成。因此，这些团队往往需要，也确实有一个人担任技术领导。

解决方案架构师

有很多人，特别是在大型组织里，自称"解决方案架构师"或"技术架构师"。他们设计好了软件，为自己的方案编写文档，然后扔给一个单独的开发团队。这个方案一旦"完成"，架构师就会去别的地方重复这个过程，甚至往往对开发团队的进展看都不看一眼。如果再加上"不是我发明的"综合症，结果往往就是接手的团队不会对这个方案负责，最初创建的"架构"变得脱离现实。

我曾见过不少这样的架构师，我主持过的一次面试就是这种软件开发方法的缩影。在照例抛出"谈谈你的角色和最近的项目"这个问题之后，我就清楚地知道，面前这个（为一个大型"蓝筹"咨询公司工作的）架构师的所作所为，就是给一个项目创建软件架构，写好文档然后到其他地方重复这个过程。他告诉我，给出"方案"后就很少或不再参与项目，然后我问他怎么知道他的软件架构是管用的。他被这个问题困住了，最后他声明这是"实现细节"。他自信地认为自己的软件架构是正确的，如果开发团队没有让它工作，那是他们的问题。在我看来，这种说法简直荒谬，这让他看起来像头蠢驴。他的方法也就是 AaaS……"架构即服务"[①]！

---

① AaaS，即 Architecture as a Service。——译者注

要有人负责大局

不同于典型的软件开发者，软件架构角色需要通才。这肯定是在软件项目起航阶段掌舵的角色，包括管理非功能性需求，整理出对上下文和环境因素敏感的软件设计。但也要不断地转向，因为你选择的航线可能需要在途中调整。毕竟，敏捷方法已经向我们展示了，不一定预先就有（或需要）所有的信息。

创建一个最初的愿景，交流，并在整个软件开发的生命周期中潜在地演化它，这些对一个成功的软件项目是必需的。单是这个原因，让某人来创建这个愿景，然后让另一个团队去（试着）交付，就毫无意义。当这种事情发生时，初始的设计方案本质上就成了在架构师和开发团队中传递的指挥棒。这很低效，甚至无效，文档交换也意味着很多与创建愿景相关的决策上下文也丢失了。祈祷开发团队永远不需要问任何关于设计或其意图的问题吧！

真正的自组织团队不会有这样的问题，但大多数团队还没有成熟到那个程度。在整个交付中，要有人负责大局，同时为保证软件顺利交付承担责任。软件开发不是接力运动，顺利交付也不是"实现细节"。

14

第 *15* 章
软件架构要引入控制吗

软件架构向软件项目引入结构和远见，是否也引入了控制？如果答案是肯定的，那控制是好还是坏？

提供指导，追求一致性

很多软件架构的实践都会向软件项目引入指导和一致性。如果你见过一个软件系统内的常见问题或横切关注点有多种实现方式，就会明白为什么这很重要。我想起不少案例。我见过一个代码库里用到了好多个 ORM 框架，还有的软件系统有好几种跨栈的组建配置方式，有用 XML 文件的，也有用数据库表的。部署和维护这些系统太有挑战性了。

只有引入一定程度的控制和约束，比如，阻止团队成员偏离正轨，指导和一致性才可能成为现实。如果你为了满足一些主要的非功能性需求，专门设计了一个分布式软件系统，就不能让人把数据库操作的代码写在网页中。控制也可以只是保证你的代码库有一个清晰一致的结构，以包、命名空间、组件、层等形式合理地组织你的代码。

控制的程度

真正的问题是需要引入的控制量。一种方法是独裁，任何人都不能擅自做决策；另一种方法是放手，没有人会得到任何指导。在软件项目中，这两种我都见过。我也接手过混乱的项目，每个人基本上都只管自己的设备。毫不意外，最后的代码库简直一团糟。在这样的项目中引入控制真是艰苦的工作，如果这个团队还打算交付一份令最初推动者满意的软件，就需要控制。

控制因文化而不同

我也注意到，不同国家和文化对控制的看法也不尽相同。有些国家（比如英国）就认同控制以及它带来的约束，而另一些（比如斯堪的纳维亚地区的国家）则偏向授权和主动性。举个现实中的例子，就是完全控制软件项目使用的全部技术（从编程语言到登录库的选择），还是接受团队里任何人做的决策。

操纵杆，而非按钮

我喜欢把控制看作操纵杆，而不是某些非黑即白、只有两种状态的东西。一端是由你独裁的方法，另一端则宽松得多。两者之间你可调整，这让你能够在需要时引入足够的控制。那么，你要引入多少控制？我得承认，我只能给出一个咨询式的回答，在不清楚的情况下，这取决于以下这些事。

- ❑ 团队是否经验丰富？
- ❑ 团队以前一起工作过吗？
- ❑ 团队有多大？
- ❑ 项目有多大？
- ❑ 项目的需求复杂吗？
- ❑ 有没有需要考虑的复杂的非功能需求或限制？
- ❑ 日常的讨论是什么样的？
- ❑ 团队或已有的代码库是否看起来已经混乱不堪？
- ❑ 等等。

我的建议是，先从部分控制开始，倾听反馈，以便随着项目的推进再微调。如果团队老是问"为什么"和"怎么办"，那可能就需要更多指导。如果团队好像总是在和你对着干，可能你就是把操纵杆推得太多了。这没有一个标准的答案，但有一些控制是好事，因此很值得花几分钟看看你的团队适合引入多少控制。

15

第 *16* 章
小心鸿沟

我们这个行业对软件架构的角色真是又爱又恨，因为架构师"闭门造车"的独裁，不参加构建可用软件的任何实际工作，很多组织干脆取消了它。这种坏名声损害了 IT 行业，阻挠了项目的成功，需要改变。

开发者关注底层细节

如果你正在一个软件开发项目中工作，看看团队其他人吧。团队的结构是怎样的？每个人的角色和责任都定义好了吗？谁负责大局？性能、可伸缩性、可用性、安全性等由谁负责？

我们都梦想在这样的团队中工作：所有人都经验丰富，从代码到架构，对软件考虑得面面俱到。然而现实并非如此。我合作过的大多数团队，成员经验参差不齐，有些甚至刚接触 IT 这一行，另一些则"接触过几次"。作为软件开发者，代码是我们主要的关注点，但如果你的团队只关注底层细节，会发生什么？想象有一个用上了所有最新编程语言特性的代码库，代码很好地解耦，测试也完全自动化。这个代码库的结构和格式都堪称完美，但如果系统在部署到生产环境时有可伸缩性的问题，一切就毫无用处。

闭门造车的独裁架构师

软件架构角色不同于开发者角色。有些人把它看作开发者的上级，有些人则看作同级。不管你怎么看，架构师都要负责"大局"。很多团队了解软件架构的重要性，会找来一个有着受人尊敬的"架构师"头衔的人，却只是把他们硬塞在凌驾于团队的位置上。发生任何事，都会在架构师和原本要一起工作的团队之间造成巨大的鸿沟，让架构师立刻被孤立起来。

拉近距离

可惜，很多软件团队里，在开发团队和架构师之间都有这个不必要的鸿沟，特别是当架构师被看作是只会下命令的独裁者。这导致了几个问题：

❏ 不管架构师的决策是否正确，开发团队都不尊重他；
❏ 开发团队变得缺乏积极性；
❏ 重要决策因为职责不明而无人负责；
❏ 因为没有人负责大局，项目最终苦不堪言。

幸好，有一些简单的方法能从两方面解决这个问题，毕竟，软件开发是一个团队行为。

如果你是软件架构师

❏ 包容与合作：让开发团队参与软件架构的过程，帮助他们了解大局，认同你所做的决策。确保每个人都明白决策背后的原理和目的，会对此有所帮助。
❏ 动手：如果可能的话，参与一些项目的日常开发工作来提高你对架构交付的理解。根据你的角色和团队规模，这可能会不太现实，那就通过其他方式来了解底层的进展，比如协助设计和代码评审。了解软件的底层如何工作会让你更透彻地了解开发团队对架构（比如：他们是否对其视而不见）的感受，也会为你提供有价值的信息，可以用来更好地塑造/影响架构。如果开发者感到痛苦，你也要感同身受。

如果你是软件开发者

❏ 了解大局：花些时间去了解大局将帮助你了解做出架构决策的语境，增强你对系统整体的理解。
❏ 挑战架构决策：有了对大局的了解，你现在就有机会挑战眼前的架构决策。架构应该是一个合作的过程，而不是由那些不参与项目日常工作的人说了算。如果你发现有些事情你不理解或不喜欢，挑战它。
❏ 申请参与：很多项目都有一个负责架构的架构师，这个人通常会承担所有的"架构工作"。如果你是一个开发者，想要参与其中，提出来。你说不定帮了架构师一个忙！

软件架构的合作方式

我这里已经谈到的内容很容易适用于中小型项目团队，但对于大型团队，事情就变得复杂了。言外之意，大型团队意味着更大的项目，更大的项目意味着更大的"大局"。无论项目规模如何，确保大局不被忽视是成功的关键，而这个重任往往落在架构师的肩上。减少开发者和架构师之间不必要的鸿沟，可以让大多数软件团队从中获益，双方都可以努力减少这个鸿沟。开发者可以增加他们的架构意识，而架构师可以加强与团队其他人的合作。要确保你注意到了鸿沟，其他人也会跟随。

16

第 *17* 章
未来的软件架构师在哪里

敏捷和软件技艺是我们努力改进和推动软件行业向前的两个非常好的例子。我们花了很多时间谈论编写代码、自动化测试、自动化部署、工具、各种技术，以及所有相关的流程。这很有意义，因为最终目标是通过软件让人们获益，而可用的软件是关键。但我们不应该忘记，在软件开发的流程中某些层面是很少有人真正有经验的。想想你将如何回答下列问题。

(1) 你上次写代码是什么时候？

❑ 今天早些时候就写过，我是软件开发者，所以这是我工作的一部分。

(2) 你上次重构是什么时候？

❑ 我一直注意让自己的代码尽可能好，这包括必要的重构。提取方法、重命名、上升、下降……这些我都知道。

(3) 你上次测试你的代码是什么时候？

❑ 过去，我们会在编写产品代码的过程当中或之后编写自动化测试，来进行持续的测试。单元测试、集成测试和验收测试我们都会用到。

(4) 你上次设计东西是什么时候？

❑ 我一直在做，作为软件开发者，这是我工作的一部分。在编码之前，我需要思考它会如何工作，不管是画草图还是使用 TDD。

(5) 你上次从零开始设计一个软件系统是什么时候？我的意思是，承接一系列明确的需求，真正从无到有的创建？

❑ 好吧，在我目前的项目没有太多机会，但在业余时间我会为开源项目工作。只是我自己用的。

(6) 你上次从零开始设计一个会由一个团队来实现的软件系统是什么时候？

❑ 嗯，那不是我做的。

面对现实吧，无论预先设计还是演化设计，也不管是单打独斗还是集团作战，大多数软件开发者都不会频繁地在一张白纸上从无到有地设计软件。

指导、辅导和师徒关系

在大多数软件开发项目中，指导和辅导是一项被忽视的活动，很多团队成员没有得到所需的支持。技术领导力就是要引导整个项目，有时候个人需要协助。除此之外，指导和辅导提供了一种方式来增强人们的技能，帮助他们完善自己的职业生涯。这种协助有时候是技术性的，有时候是软技能。从技术的角度来看，为什么承担软件架构角色的人不应该帮着指导和辅导呢？我认识的大多数架构师正是因为他们在一个或多个技术领域有大量的经验才当上架构师的。既然是这样，为什么那些架构师不应该通过分享一些自己的经验来帮助别人？学徒模式正是过去建造大师传承技艺的方式。

我们正在失去技术导师

可悲的是，在我们的行业里许多开发者为了在企业晋升机制中有所发展，被迫转向非技术的管理岗位。讽刺的是，被迫离开技术岗位的往往是最优秀和最资深的技术人员，而软件团队中则失去了最有价值的技术领导、架构师和导师。今天的开发者还会在将来继续重蹈覆辙。

软件团队需要休息

许多团队失去了最资深的技术人员，留在团队中的人本来就已经在尽力平衡所有常规的项目限制和 IT 行业风潮（敏捷、技艺、云、富互联网 UI、函数式编程，等等）带来的压力，而这又给他们增加了更多的工作量。很多团队意识到他们应该努力提高，但却没有时间或缺乏动力。

为了提高，软件开发团队需要一些时间远离日常工作，进行思考，但他们也需要保持对软件开发流程各个方面的关注。行业的炒作确实很容易迷惑人，但应该自问这是否比确保能良好务实地落地更重要。

编码经验很容易积累，有很多方式来练习这项技能。然而，从头开始设计一些将会由团队来实现的东西，就不是很多团队都会教授或实践的事情了。拜典型的企业晋升机制所赐，很多技术导师都消失了，让开发者上哪儿去获得这种经验？未来的软件架构师从哪里来？

17

第 *18* 章
每个人都是架构师，除非他们有其他身份

很多软件团队都朝着敏捷和自组织努力，在这种对现代软件开发团队的描述中，软件架构角色如何融入并不是显而易见的。

每个人都是架构师

在 *Extreme Programming Annealed*[①]中，格伦·范德堡（Glenn Vanderburg）讨论了极限编程实践适用的层次，他强调了架构和集体所有制之间的联系。当我们谈论集体所有制[②]时，通常指的是集体拥有代码，以便团队中任何人都有权做出改动。这种方式奏效暗示团队中每个人至少都对"大局"有一些基本的了解。想想你目前的项目，跳转到代码库的任何一部分，你都明白发生了什么吗？

想象一下，如果你有一队经验丰富、能够在大局内外自如切换的软件开发者，一队真正会动手的架构师，这样的团队太棒了，所有通常会跟软件架构联系起来的元素（非功能需求、约束，等等）都会得到解决，不会漏掉任何一样。从技术的角度来看，这就是一个自组织的团队。

除非他们有其他身份

对自组织团队的想法，我有一个大问题，我们在行业中谈论了很多，但很少看到实践。这可能是在咨询的环境中工作的副作用，因为我的团队总是随着项目而变化，而且我不太可能跟某一个客户在一起超过几个月。或者，我怀疑，真正的自组织团队非常少。把自组织作为努力方向是值得尊敬的，但对很多软件团队而言，这就像是还没学会走就想跑了。

---

① http://www.vanderburg.org/Writing/xpannealed.pdf
② http://www.extremeprogramming.org/rules/collective.html

在 "Notes to a software team leader"[①]中，罗伊·奥谢洛夫（Roy Osherove）描述了他的"弹性领导"概念，这种领导风格需要根据团队的成熟度有所变化。罗伊用一个简单的模型对团队成熟度做了分类，每个等级需要不同的领导风格。

(1) 生存型（混乱）：需要一种直接指挥和控制的领导风格。
(2) 学习型：需要一种指导的领导风格。
(3) 自组织型：需要简易化来确保平衡不受影响。

就像我说的，团队里每个人都是经验丰富的软件开发者和架构师，那就太棒了，但我还没见过这样的团队。大多数项目的团队连一个对"大局"之类的东西有经验的人都没有，一团乱的代码库、不明确的设计、很慢的系统，类似这些都是明证。从技术角度来看，这种情况最为多见，我建议团队中由一个人来承担软件架构角色的责任。

罗伊举了流程经理角色的例子。在成熟的初始阶段，一个人承担流程经理的角色来帮助团队向正确方向前进，这将使团队受益。另一方面，自组织团队不需要别人告诉他们做什么。名字就是线索；从定义上，他们是自组织的，可以自己承担这个角色。我想说，软件架构的角色是同样的，因此技术领导的角色也是。

敏捷需要架构吗

可惜，许多团队把"大局"上的技术技能看作一种不必要的邪恶，而不是重要的补充，可能是因为他们过去深受大型预先设计之害。有些人也过于渴望"敏捷"，以至于忽略软件开发流程的其他方面。接踵而至的是混乱而非自组织，这样的团队也面临着需要更直接的领导方式的挑战。毕竟，他们在努力变得敏捷。单个点负责项目的技术层面，也跟他们对敏捷团队的想象相冲突。这种冲突使人认为敏捷和架构是对立的：你只能拥有其中一个。与敏捷对立的不是架构，而是大型预先设计。

敏捷软件项目仍然需要架构，因为那些围绕复杂非功能需求和约束的棘手问题不会消失，只是对架构角色的执行不同。

集体代码所有制，每个人都要能在架构的层次上工作，因此每个人某种程度上都是架构师。还不是自组织阶段的团队如果试图跑太快，就会陷入挣扎。尽管人们的愿望是变得敏捷，集体代码所有制和架构角色的分配都有可能阻碍混乱的团队，而不是帮助他们。混乱的团队需要更直接的领导方式，单个点负责软件项目的技术层面，将使他们受益。换句话说，他们会受益于一个人负责软件架构的角色。理想的话，这个人会指导别人，让他们也能以这个角色产生帮助。

软件架构师要一个还是多个？一个人承担责任还是团队共同分担？不论敏捷与否，软件架构的角色都是存在的。只有所处语境会告诉你正确的答案。

---

① http://leanpub.com/teamleader

第 *19* 章
软件架构咨询师

我的职业生涯大部分都是在 IT 咨询公司工作，在那里我要么在外包合同下为客户构建软件系统，要么是客户–供应商混合团队的一份子（通常被称为"劳务派遣"①）。在咨询的语境中担任软件架构的角色，基本上和在其他语境中是一样的，然而也有一些潜在的问题需要注意。

领域知识

对业务领域的了解必不可少。如果在金融行业工作，对行业内跟你相关的部分（比如，基金管理、投资银行、零售银行等）是如何运作的，你应该有所了解。大部分业务领域都比它们应有的样子更复杂，即使看似简单的领域也会让你吃惊。我记得第一次看到渡轮和酒店领域，就惊讶地发现并不只是预订渡轮座位或酒店房间那么简单。对业务领域的了解可以帮助你更好地理解目标和建立成功的软件产品。

这提出了一个有趣的问题。对业务领域的深厚知识，只来自于在这个领域内长时间的工作，但大多数咨询师跟不同的客户、团队和业务领域打交道是很常见的。因此，期望咨询师们具备深厚的领域知识算公平吗？

我见过一些方法。首先就是把自己的咨询工作限制在单一的业务领域，这样就能获得这个业务领域深入的工作知识。举个例子，我工作过的许多 IT 咨询机构都专注于投资银行业，它们的咨询师在各个投资银行间游走。这肯定是确保咨询师了解业务领域的一种有效方式，但我不

---

① 外包主要分两类：也就是我们常说的"包出去"和"包进来"。"包出去"是发包方把工作委托给外部的人或团队。"包进来"就是这里所说的"劳务派遣"，即外包人员在工作期间进驻发包方的团队。——译者注

是特别喜欢。向我过去合作过的一些咨询师提供投资银行的外部咨询工作时，他们实际上很生气。在跟其他咨询师做比较时，这些人通常会认为他们深厚的业务领域知识是关键差异或者说独特卖点。

看看我的书架就会发现，我对技术的兴趣远远超过任何业务领域。如果我想在一家银行工作，我会为银行工作，而非咨询机构。因此，我很高兴能定期更换业务领域，这提供了一定程度的变化，很少能在单个领域中工作获得。我也发现观察其他行业如何解决相似问题很有意思，这本身也带来了很多思想碰撞的机会。当然，缺点就是我对任何特定领域的知识都不如在那个业务领域中全职工作的人。

为了防止这一问题，我相信，有一种技能可以让我们能够快速精通一个新的业务领域。这正是我的方法。如果以咨询的身份从事软件架构，你需要敏锐的分析能力来理解业务领域的关键部分，而不陷入分析瘫痪的恶性循环。

权威

软件架构角色需要引入多少控制，取决于和你一起工作的软件开发团队的类型。然而团队通常会提出另一些挑战，特别是如果你以软件架构咨询师的身份和客户的内部开发者团队一起工作。

如果你负责一个软件系统的软件架构和技术交付，就必须有决策权。如果有责任却没有权力，并因此不断为决策寻求许可，那就像是在一条崎岖不平的道路上行驶。

软件架构的角色意味着技术领导力，也就是你要让整个团队朝着同一方向前进。如果你不是一队软件开发者的直接上司，口述指导不太可能很有效。如果你是客户团队的补充，这种情况经常发生。这就是施展软技能的地方，特别是建设关系、建立信任和激励团队相关的软技能。我发现要做一个写代码的实践派架构师，取得成果也要走很长的路。

第20章 问 题

(1) 软件架构和软件开发角色的区别是什么？

(2) 软件架构的角色都做些什么？这个定义是基于你团队的现状还是理想状态？如果是后者，你的团队可以做出什么改变？

(3) 为什么承担软件架构角色的人理解所用的技术很重要？你会雇用一个不懂技术的软件架构师吗？

(4) 如果你是所在项目的软件架构师，编码在你的工作中占多大比例？是太多还是太少？

(5) 作为一个软件架构师，如果不能编码，你还有其他方式接触到项目的底层工作吗？你有其他方式更新你的技术吗？

(6) 为什么技术知识的广度和深度都很重要？

(7) 你认为自己掌握了承担软件架构角色所需的软技能吗？如果没有，你会在哪方面改进？为什么，以及怎么做？

(8) 从软件架构的观点来说，你目前的软件项目有足够的指导和控制吗？是不是太多了？

(9) 为什么合作是软件架构角色的一个重要组成部分？你的团队在这方面做得够不够？如果还不够，为什么？

(10) 你的团队中有足够的指导和辅导吗？你在提供或接受吗？

(11) 软件架构的角色如何融入敏捷项目和自组织团队？

(12) 作为软件架构角色的新人，你遭遇过哪些困难？

(13) 在你的团队或组织中，对软件架构有定义好的"参考条例"吗？如果有，每个人都明白了吗？如果没有，那么为了捋清架构师的角色和责任创建一个条例，是否有价值？

Part III

设计软件

这部分是关于设计软件的整个流程，特别是开始编码前真正需要思考的事情。

第21章
架构驱动力

不管你采用哪种流程（传统和计划驱动，或者轻量和可适配的），都有一套常见的东西真正驱动、影响和塑造了最终的软件架构。

1. 功能需求

为了设计软件，你需要了解要满足的目标。如果这听起来天经地义，那是因为确实如此。话虽如此，但有的团队对软件应该向最终用户提供的特性还没有高层次理解，就设计甚至构建软件。有人可能会称之为敏捷，但我说这叫愚蠢。特性或用户故事清单（比如 Scrum 产品订单[①]），即使粗糙短小，也是必不可少的。需求驱动架构。

2. 质量属性

非功能需求代表的质量属性反映了服务等级，如性能、可伸缩性、可用性、安全性等。这些属性主要是技术方面的，可以对最终的架构产生巨大影响，特别是如果你正在构建"高性能"系统，或者你想达到"谷歌级"的运行规模。实现非功能需求的技术解决方案通常是交叉的，因此需要合并到你所构建系统的基础中。向已有的代码库加入高性能、可伸缩性、安全性、可用性等通常极其困难且耗时。

3. 约束

我们生活在有约束的现实世界中。例如，你任职的组织可能对技术选型、部署平台等有一系列细致的约束，能做什么，不能做什么。

---

① http://en.wikipedia.org/wiki/Scrum_%28software_development%29#Product_backlog

4. 原则

约束通常是强加于你的,而原则是你为了将一致性和清晰度引入最终代码库而想采用的原则(例如编码规范、自动化测试的使用等)或架构的原则(如分层策略,架构模式等)。

5. 理解影响

任何时候当你开始为一个新的软件系统工作或扩展已有的软件系统,在高层次上理解需求、约束和原则都至关重要。为什么?简言之,要开始设计选型,这是你所需知识的基本水平。

首先,了解这些东西可以帮助减少摆在你面前的可选项,特别是如果你发现驱动力包括了复杂的非功能性需求或者像部署平台的限制之类的主要约束。T. S. 艾略特(T. S. Eliot)说过:

> 当被迫工作在一个严格的框架下,想象力被迫发挥到极限,迸发出丰富的点子。完全的自由可能会让工作变得杂乱无序。

其次,也许是最重要的,那就是根据特定的目标和语境,做出"明智"的设计决策。如果不了解金融风险系统相关的性能(比如计算复杂度)、可伸缩性(比如数据量)、安全性和审计等需求,就开始为其设计解决方案,你设计出的解决方案很可能不符合目标。

软件架构谈论的是重要的设计决策,其重要性以变动的成本来衡量。对于那些从根本上塑造了最终软件架构的重要决策而言,起点是在高层次上对需求、约束和原则的理解。早些理解它们,将有助于避免将来昂贵的返工。

第22章
质量属性（非功能需求）

当你收集需求时，人们会很乐意给你一个愿望清单，写满了他们想要软件系统完成的事；也有完善的方法以用户故事、用例、传统的需求规格书、验收标准等形式来捕捉这一信息。那么，那些讨厌的"非功能性需求"呢？

非功能性需求通常被看作是"能力"，主要跟服务质量有关。按理说，比非功能性需求更好的说法是"系统特征"或"质量属性"，但不太常用。下面大致列出了常见的质量属性。

1. 性能

性能就是一个东西有多快，通常指响应时间或延迟。

❑ 响应时间：从发出请求到收到响应所用的时间，比如用户点击网页中的超链接或桌面应用程序中的按钮。

❑ 延迟：消息从 A 点到 B 点，通过你的系统所用的时间。

就算构建的不是"高性能"软件系统，性能也可应用于 Web 应用程序、桌面应用程序、面向服务架构、消息系统等几乎所有你要构建的软件系统。如果用户说你的软件"太慢"，你就明白为什么有一些性能的概念很重要。

2. 可伸缩性

可伸缩性基本上就是软件处理更多用户、请求、数据、消息等的能力。可伸缩性和并发机制密不可分，因此能在相同的时间内处理更多的东西（比如每秒的请求）。

3. 可用性

可用性是软件对服务请求的可操作和可见程度。你常会看到用 "9" 来衡量或指代可用性，如 99.99%（"四个 9"）或 99.999%（"五个 9"）。这些数字指的是正常运行时间的百分比。硬币的另一面是可以容忍的停机时间。99.9%（"三个 9"）的正常运行时间意味着留给计划维护、升级和意外故障的时间每天只有 1 分多钟。

4. 安全性

安全性涵盖了从认证和授权到数据在运输和储存中的机密性的所有事情。和性能一样，安全性很有可能在一定程度上对你很重要。对于部署到互联网的 Web 应用程序，安全性应该被视为最基础的东西。开放 Web 应用程序安全项目（OWASP，Open Web Application Security Project）[1]是学习安全性的一个很好的出发点。

5. 灾难恢复

如果失去一个运行了你的软件的硬盘、服务器或数据中心，会发生什么？灾难恢复处理的就是这些。如果你的软件系统至关重要，就会经常听到人们谈论业务连续性过程，也就是发生灾难事件时，应该做什么才能保持持续运行的状态。

6. 可访问性

可访问性通常是指像 W3C 的可访问性标准[2]这样的东西，指的是如何让视觉障碍之类的残疾人也能使用你的软件。

7. 监测

有些组织对于应该如何监测软件系统才能确保它们正常运行和满足服务请求，有特定的需求。这可能包括将软件与平台特定的监测功能（比如 Java 平台的 JMX）集成，或发生故障时向集中监测仪表发送警报（比如通过 SNMP）。

8. 管理

监测通常提供一个软件系统的只读视图，有时会有运行时管理需求。例如，有必要的话，暴露一些功能，使得操作人员能够修改系统运行时的拓扑结构或配置元素，刷新只读缓存等。

9. 审计

人们往往需要一个引起软件系统中数据或行为变化的事件的日志（即审计日志），特别是涉及钱的时候。通常这些日志需要捕获与变动由谁做出、什么时候做出以及为什么做出相关的信息。

---

[1] https://www.owasp.org

[2] http://www.w3.org/standards/webdesign/accessibility

变动本身（即变动前后的值）往往也需要记录。

10. 灵活性

灵活性是一个有点滥用和含混的术语，指的是软件执行多个任务，或以不同方式执行单个任务的"灵活性"。一个很好的灵活性需求的例子是非技术人员修改软件内部使用的业务规则的能力。

11. 可扩展性

可扩展性也是滥用和模糊的，但它指的是扩展软件使其可以做一些现在还不能做的事的能力，也许是通过使用插件和 API。一些市面上的产品（如微软 Dynamics CRM）允许非技术用户扩展存储的数据和改变其他用户与数据交互的方式。

12. 可维护性

可维护性往往被认为是一个需求，但这到底是什么意思？作为软件开发者，我们通常会努力打造"可维护"的软件，但值得我们思考的是，代码库以后将由谁来维护。可维护性很难量化，所以我宁愿思考我们可以遵循的架构和开发原则，因为这些是编写可维护的代码的驱动力。

13. 法律法规

有些行业受到当地法律或监管机构的严格管理，导致了与数据保留或审计日志等相关的额外需求。举个例子，大多数金融机构（投资银行、零售银行、信托公司等）为了保持在市场中的运作能力，必须遵守一些规则（如反洗钱）。

14. 国际化（i18n）

很多软件系统，特别是部署在互联网上的，不再以单一的语言交付。国际化是指以多种语言交付软件中用户可见元素的能力。这看似简单，当你试图将其加入已有软件时，才会意识到有些语言是从右向左书写的。

15. 本地化（l10n）

和国际化相关的是本地化，是指以符合最终用户文化习俗的方式展现数字、货币、日期等内容。有时候，国际化和本地化也统称为"全球化"。

哪些对你重要

我们可以为自己的软件系统指定的质量属性有很多，但它们的重要性不尽相同。根据工作的环境和构建的软件系统的类型，有些质量属性比其他的更为适用。金融行业中基于 Web 的系统的质量属性可能就不同于电信行业使用的内部系统。我建议学习你的领域内常用的质量属性，在开始构建一个新系统或修改已有系统时，先关注这些常用的质量属性。

第*23*章
处理非功能需求

不管你怎么称呼它们，往往都需要花费一些精力，来获得可应用于所构建的软件系统的非功能需求清单。

1. 捕捉

我从事软件开发超过 15 年，其中大部分是在为客户构建软件的情况下做咨询工作。在这段时间，客户明确给出非功能需求信息的次数屈指可数。我当然接到过大量需求规格书或功能需求清单，但很少看到其中包括任何关于性能、伸缩性、安全性等信息。面对这种情况，你就得主动出击，自己去捕捉它们。

挑战就在这里。如果你问一个业务担保人，他们的系统想达到哪种级别的可用性，你可能会得到一个类似 "100%"、"24/7/365" 或 "好的，全部" 等回答。

2. 提炼

一旦你开始问那些有关非功能需求的棘手问题，或你已经走运到能收到一些信息，就可能需要提炼它们。

有为数不多的几次，我接到功能需求规格书中确实包含一些非功能需求的信息，但通常都含糊无用。举个例子，我曾从潜在客户那里收到过一份 125 页的文档，详述了对软件系统的需求。其中功能需求的细节占据了文档的绝大部分，只有最后半页是留给非功能需求的。里面说道：

- ❑ 性能：系统必须要快；
- ❑ 安全性：系统必须安全；＋可用性：系统的运行时间应该达到 100%。

虽然不是很有用，但至少能展开一些讨论了。你可以根据交流对象变换问题，而不是问需要多少可用性，然后得到一个不可避免的"24/7"的答案。比如下面这些。

- "你能忍受的系统停机时间是多少？"
- "如果系统核心在朝九晚六的正常工作时间内出现故障，会发生什么？"
- "如果系统核心在正常工作时间以外出现故障，会发生什么？"

你现在要做的是探索需求，搞清楚驱动力是什么。为什么系统要可见？当我们谈论"高安全性"，要保护的是什么？我们的目标是获得一组特定的，理论上可以明确量化的非功能需求。比如下面这些。

- 系统平均应该支持多少并发用户？高峰时段呢？
- 多长的响应时间是可以接受的？系统各个部分都是如此，还是只是针对特定的功能？
- 为了保护系统安全，我们究竟该怎么做？我们真的需要对数据加密吗，受限访问足够了吗？

如果你能联想到一定数量的非功能性需求（如用户数、数据量、最大响应时间等），就能写一些验收标准并客观地进行测试。

挑战

记住这一点，如果问人们是否需要一个东西，无疑我们都知道他们会说"是的"。这就是为什么很难划分功能需求、用户故事等的优先级。不管你使用哪一种度量优先级的方法（MoSCoW[①]，高/中/低，等等），只要尝试划分优先级，每件事最后都会变成"不可或缺"。你可以创建一个"一定不能少"的目录，但我们知道每件事都会上目录。

这就要换一种方法，提出成本的影响有助于集中注意力。比如下面这些。

- 架构师："你需要一个正常运行时间为 100%的系统。构建这个系统必须通过大量冗余来消除每一个故障点，我们所有的花费都需要翻一番，外加很多自动故障转移工程的工作。这个成本大概是 100 万美元。或者我们可以为你构建一个简单一些的系统，必须告诫你，某些组件可能需要进行监测，发生故障时需要手动重启，这样的成本大概是 10 万美元。您需要哪一种呢？"
- 担保人："哦，如果是那样，我要便宜的方案。"

凡事皆有可能，但每件事都有代价。解释那些代价有助于找到给定语境中的最好方案。

[①] https://en.wikipedia.org/wiki/MoSCoW_Method

第 *24* 章
约　　束

作为软件开发者，我们创建的每一件东西都存在于现实世界中，而现实世界就有约束。像质量属性一样，约束可以驱动、塑造和影响软件系统的架构。任职的组织或是工作的环境，都会将约束强加于你。约束的形态和大小不尽相同。

时间和预算的约束

时间和预算可能是大多数软件开发者都熟悉的约束，因为这两者常常都不够。

技术约束

构建软件的时候，我们经常碰到一些技术相关的约束，特别是在大型组织里。

❏ 批准的技术清单：许多大型组织都有一个允许用于构建软件系统的技术清单，目的是限制组织必须支持，运行，维护和购买许可证的技术。如果你想使用任何不在清单上的技术，通常有一个漫长的例外流程，需要提出正式的申请。然而，我仍看到有团队为了能在 Java 项目中使用 Groovy 或者 Scala 而偷偷引入额外的 JAR 文件！

❏ 现有系统的互操作性：在大多数组织中，你的软件需要整合已有的系统，而实现整合的手段往往非常有限。除此之外，就是别的系统需要和你构建的系统整合。在这些情况下，你可能会发现，组织性的约束规定了你可以用于整合的协议和技术。一些我合作过的投资银行就有他们自己内部用来在软件系统间交换交易信息的 XML 结构。我可不会用"简洁"和"易用"来描述它们！

❏ 目标部署平台：构建一个全新的软件系统时，目标部署平台通常是影响技术决策的主要因素之一。这包括嵌入式设备、微软的 Windows 或 Linux 服务器的可用性，以及云。是的，即使这个我们称为云的神奇的东西，也有约束。举个例子，每个"平台即服务"（PaaS）提供的都不同，对某些东西，比如本地磁盘操作，你的软件能做什么，不能做什么，大多数都有限制。如果你不明白这些约束，部署时，陪伴你的很可能是焦虑的返工。

❑ 技术成熟度：有些组织乐于采用有风险的尖端技术，拥抱这种进步带来的风险。其他组织本质上则保守得多。

❑ 开放源代码：同样的，有些组织仍然不喜欢使用开源项目，除非它跟 IBM 或微软这样的名字扯上关系。我曾经在一个高街银行①的项目中工作，该银行拒绝使用开源项目，却乐于使用来自一个非常著名的技术品牌的 Web 服务器。那是伪装过的开源 Apache Web 服务器。这样的组织在遇到问题的时候就喜欢冲人大喊大叫。开源许可证的混乱也阻碍了一些组织完全采用开源项目。如果你曾试图解释 GPL 和 LGPL 的区别，可能已经目睹过这种情况。

❑ 供应商"关系"：就像生活中的很多事情，不是你知道什么，而是你认识谁。很多合作关系仍然是供应商请 CTO（Chief Technology Officer，首席技术官）吃喝玩乐，在高尔夫球场上"达成"的。如果你曾为大型组织工作，也好奇为什么你的团队被迫使用一些明显不合格的东西，原因可能就是这个！

❑ 过去的失败：2000 年前后，我带着用 Java RMI——一种允许通过 Java 虚拟机进行远程方法调用的技术——构建解决方案的提案走进一家银行。我遇到了很大的阻力，因为这家银行已经"尝试过它，不管用"。那个设计到此为止，任何讨论都没能改变他们的主意。由于过去的失败，Java RMI 在这样的环境下被封杀。最终我们转而构建了一个框架，通过 HTTP 将序列化的 Java 对象传给一群 Java Servlets（变相重新发明轮子）。

❑ 内部知识产权：当你需要找到一个库或框架来解决所面临的问题，很可能已经有符合你需要的开源或商业产品。然而对有些人来说这还不够好，你必须使用组织自己内部的日志库、持久化框架或通信基础设施服务。这种情况并不罕见，不管它们是否真能正常工作。最近我听说一个组织构建了自己的 CORBA②实现。

人员约束

更常见的是，开发软件可用的技术和方法受限于你周围的人。比如下面这些。

❑ 你的开发团队有多大？
❑ 他们有什么技能？
❑ 如果你的开发团队需要扩展的话，能有多快？
❑ 如果需要的话，你能够提供培训、咨询和专家吗？

---

① 一般而言，各大城市都有一条或者数条商业大街（high street），街上遍布各种银行、商店、邮局、警察局、超市、快餐店等。在英国，位于这类街上的银行被称为"高街银行"（high street bank），主要是提供便民服务，也称为"零售银行"。因此这类银行允许的贷款额度就比较小。——译者注

② Common Object Request Broker Architecture，通用对象请求代理架构，是由 OMG（Object Management Group，对象管理组织）定义的标准，旨在促进部署于不同平台的系统间通信。——译者注

❑ 如果在交付后转交你的软件，接手的维护团队拥有和你的开发团队相同的技能吗？

如果你让一个 Java 团队构建一个微软.NET 解决方案，相当于给他们当头一棒。因此，当你架构一个软件系统时，也要把人考虑进来。

组织约束

你要知道，有时候还有其他约束，包括下面这两个。

❑ 软件系统是战术或战略实施的一部分吗？这个问题的答案会影响约束的增减。
❑ 组织政治有时能阻碍你实现真正想要的解决方案。

约束都是不好的吗

被强加的约束通常是"坏"的，但往往是出于好的理由。比如，大型组织不愿意支持和维护天底下所有技术，就试图限制最终用于生产的技术。一方面，这会降低创造力；但另一方面，它也剔除了你可能面对的大量潜在选项。软件架构也事关引入约束，在一个代码库里面你到底想要多少个日志库或持久化库？

约束可以划分优先级

最后一点，值得记住的是，约束可以划分优先级。就像功能需求，有些约束比其他的更重要，利用好这一点。我在培训中用作案例学习的金融风险系统就是基于我为伦敦一个咨询公司工作期间的真实项目。一个投资银行找到我们，说他们需要一个金融风险系统，背后的基本前提是，由于监管原因，银行需要有一个风险系统才能进入一个新的细分市场。

经过几次售前会议和专题研讨，对于他们的需求以及在工作中需要面对的约束，我们有了一个比较好的想法。主要的约束之一是包括典型的重量级 Java EE 栈在内的批准的技术清单，另一个是严格的时间约束。

在准备财务提案时，我们大致说了这样的话，"是的，我们有信心在最后期限前交付系统，但为了加快项目，我们要使用一些不在你们的批准技术清单上的技术"。我们的提案被接受了。在这种情况下，时间约束被看作比只使用批准技术清单上的技术重要得多，实际上，我们会划分约束的优先级。约束通常是你需要绕过的障碍，但有时候也能相互权衡。

倾听约束

每一个软件系统都要屈从于一个或多个约束，软件架构角色的一部分就是找出这些约束，搞清楚它们为什么会被强加进来，让它们帮助你塑造软件架构。做不好这件事，搞不好会出大事。

第 25 章
原 则

约束是强加于你的，而原则是你为了将标准方法和一致性引入构建软件的方式而想采用的。通用的原则很多，有些跟开发相关，其他则跟架构相关。

开发原则

说到原则，很多软件开发者立刻想到的都是关于软件应该如何开发。比如下面这些。

❏ 编码标准和规范："我们将采用内部的[Java|C#|其他]语言编码规范，这可以在我们公司wiki找到。"
❏ 自动化单元测试："我们的目标是核心库的自动化单元测试达到80%的代码覆盖率，无论代码开发是先测试还是后测试。"
❏ 静态分析工具："所有的生产和测试代码在提交到源代码管理之前，必须通过[Checkstyle|FxCop|其他]定义的规则。"
❏ 等等。

架构原则

还有一些原则是关于软件结构应该如何安排的。比如下面这些。

❏ 分层策略：因为每一层都独立于周围，分层架构通常出现在有高度灵活性的软件系统中。比如，你可以把软件系统解构为 UI（User Interface，用户界面）层，业务层和数据访问层。使业务层完全独立于数据访问层意味着（通常）可以实现在不影响业务或 UI 层的情况下切换数据访问。能这样做是因为数据访问层向业务层呈现了抽象，而不是业务层自己直接处理数据存储机制。如果想以这种方式安排软件结构，你就应当确保开发团队里每个人都明白这个原则。"UI 组件或域对象里没有数据访问逻辑"是该原则在实践中的一个具体例子。

❑ **业务逻辑的位置**：有时候，出于性能或可维护性的原因，你要确保业务逻辑总是驻留在一个地方。对于连接互联网的移动应用程序，你可能想要确保服务器尽可能多地处理发生的请求。或者如果你在整合一个已经包含了大量业务逻辑的遗留后端系统，可能想要确保团队里没有人打算复制它。

❑ **高内聚、低耦合、SOLID[1]等**：有很多关注点分离相关的原则，专注于构建不需要太多依赖就能完成工作的高内聚的小结构单元。

❑ **无状态组件**：如果你在构建一个需要很强可伸缩性的软件，那么尽可能把组件设计得无状态，就是一种确保可以通过复制组件来对系统进行横向扩展从而分担负载的方式。如果这是你的可伸缩性策略，每个人都需要明白他们必须使用相同的模式来构建组件。这有助于避免将来出现任何讨厌的意外和可伸缩性瓶颈。

❑ **存储过程**：关系型数据库的存储过程就像马麦酱[2]——你对它们不是爱就是恨。用不用存储过程都各有优缺点，但当团队只是选择一种数据访问的方法并坚持，我还是倾向于存储过程。然而，每条原则都有例外。

❑ **域模型：丰富与贫瘠**：有些团队喜欢在自己的代码中有很丰富的域模型，构建本质上非常面向对象的系统。另一些则倾向于更贫瘠的域模型，对象只是被粗粒度组件和服务使用的数据结构。方法的一致性有很长的路要走。

❑ **HTTP 会话的使用**：如果你在构建一个网站，可能想或者不想用 HTTP 会话来存储请求间的临时信息。这通常取决于很多事情，包括你的伸缩策略是什么，会话支持对象到底存储在哪里，服务器出现故障时会发生什么，你是否使用粘性会话，会话复制的成本，等等。再次，开发团队的每个人都应该明白想要的方法，并坚持下去。

❑ **始终一致与最终一致**：很多团队都发现，他们往往需要为满足复杂非功能需求做出权衡。比如：有些团队用数据一致性换取性能或可伸缩性。我们能看到所有的 Facebook[3]状态更新，但是否都能立即看到真的重要吗？你的语境将决定立即或延迟的一致性是否妥当，但一致的方法很重要。

谨防最佳实践

如果你经常构建大型企业软件系统，可能考虑过大多数我刚才列出的"最佳实践"原则。但

---

[1] http://en.wikipedia.org/wiki/SOLID_(object-oriented_design)

[2] http://en.wikipedia.org/wiki/Marmite，一种黏稠状、深棕色并且有鲜明特色风味的酱，通常抹在面包等食品上食用。

——译者注

[3] http://facebook.com/，著名社交网站。——译者注

要小心。即使是最善意的原则，有时候也会产生意想不到的负面影响。如果只是构建一个快速的战术方案，为确保完整的关注点分离而采用复杂的分层策略，也能耗费你大量时间。原则通常是因为好的理由才引入，但它们并不是任何时候都有好处。

构建软件的大小和复杂度，加上环境的约束，会帮助你决定采用哪些原则。语境一如既往是关键。一份明确的原则清单有助于确保团队中每个人都以相同的方式工作，但你要确保这些原则是帮助而非阻碍。倾听团队成员的反馈会帮助你认清你的原则是否奏效。

第26章
技术不是实现细节

我举办的培训班经常要求学员分成小组设计一个简单的金融风险系统。当问起为什么他们的图表不包含任何技术决策，我会听到下面这些常见的回答。

- ❑ "[风险系统]解决方案很简单，可以用任何技术构建。"
- ❑ "我们不想强迫开发者使用一种解决方案。"
- ❑ "那是实现细节。"
- ❑ "我们遵循'最后责任时刻'原则。"

我坚信，架构图应该包括技术的选择，但这里有另外一个问题，为什么人们不乐意做技术决策。说"它可以用任何技术构建"并不意味着应该如此。原因如下。

1. 你有复杂的非功能需求吗

确实，大多数软件系统都可以用几乎任何技术构建，Java、.NET、Ruby、Python、PHP，等等。看看大多数软件系统的数据存储需求，也会发现几乎所有的关系型数据库都能完成任务。大多数软件系统在非功能特性方面的要求都不高，因此任何主流技术都差不多能满足。

但是，如果你有复杂的非功能需求，比如高性能或可伸缩性，那会怎样？事情很可能开始变得棘手，你必须搞清楚你的技术（和架构）选择是否会管用。如果你不考虑非功能需求，你的软件系统就可能无法满足目标。

2. 你有约束吗

对于构建软件可采用的技术和的可选的技能（人），很多组织都有约束。有些甚至断定软件应该购买或定制，而非自己构建。约束能（且会）影响你能给出的软件架构。可以用各种手段挑战约束，但不能忽视，否则就会有交付一个无法与组织已有的 IT 环境集成的软件系统的风险。

3. 你有一致性吗

想象你在构建一个把数据存储到关系型数据库的软件系统。在实现功能时，开发者个人如何从数据库检索数据和向其存入数据重要吗？我见过一个 Java 系统，同一个代码库中采用了多个数据访问技术/框架；还见过一个 SharePoint 系统，各个组件的配置方式不尽相同。有时候，发生这种事情是因为代码库随着时间演变，方法也在变化，但通常只是开发团队每个人完全自由选择自己最熟悉的任何技术/框架/方法带来的副作用。

人们经常问我"选择哪个日志框架是否真的很重要"，如果你想让开发团队里每个人都使用同一个日志框架，那么是很重要。有些人乐意允许开发团队里任何人下载和使用任何他们想要的开源库。另一些则意识到如果不加以检查，就会导致问题。我不是说要扼杀创新，但你的代码库真的应该只有一个日志、依赖注入或对象关系映射框架。

缺乏一致性的方法会导致代码库难以理解、维护和增强。增加单独可移动部件的数量也会让部署、运营和支持变得复杂。

推迟与解耦

有必要简单谈谈推迟技术决策和等到"最后责任时刻"才做出决策。让我们想象一下，你在设计一个没有任何特别繁重的非功能需求或约束的软件系统。你选择什么技术重要吗？一个好的架构难道不应该容许你日后改变主意吗？

举个例子，很多人会说，你用哪个关系型数据库真的不重要，特别是如果你用一个对象关系映射层将代码与特定的数据库实现解耦，比如 Hibernate、Entity Framework 或者 ActiveRecord。如果你没有任何重要的非功能需求或约束，并且确实认为所有的关系型数据库都是相等的，那么你用哪一个可能不重要。是的，你可以在代码中解耦数据库，推迟技术决策。但是别忘了，当数据库的选择不再是重要决策，ORM 的选择就是了。你可以通过引入另一个抽象层，在代码中解耦 ORM，但这里又做了一个软件系统结构的重要决策。

解耦是很好的方法，原因很多，而且它使技术决策得以推迟。当然，这并不意味着你应该推迟决策，特别是由于非功能需求和约束的存在相关的原因。

每个决策都是权衡

这又回到一个事实，任何技术都有其优缺点，作为可交换的商品，并不一定有不同的选项。对于通常被看作是商业化的技术，关系型数据库和 Web 应用程序框架是两个典型的例子。很多云服务提供商也是如此，即使他们有各自关于部署、监测、管理、成本、持续磁盘访问等方面的权衡。

一天结束时，不论是否与性能、可伸缩性、可维护性、找到有合适经验的人的能力等方面相关，你做出的每一个技术决策都有权衡。理解技术选择也能协助高层次的预测和计划，如果你需要明白是否能用给定的有限预算实现目标，这就很有用。

如果你不明白选择 X 技术而非 Y 的权衡，那就不应该做决策。设计软件系统的人要懂技术，这很重要。这就是为什么软件架构师应该是建造大师。

技术不只是一个"实现细节"，你做出的技术决策跟你分解、安排和设计软件系统的方式同等重要。推迟技术决策，后果自负。

26

第27章
更多分层等于更高复杂度

我们在培训课程中学习的金融风险系统案例的关键功能需求之一是解决方案应该能够分发数据到企业局域网用户的一个子集。显然有很多种不同的方法来解决这个问题,其中最简单的是允许用户通过一个内部的 Web 应用程序访问数据。既然只有组织内用户的一个子集应该看到数据,任何解决方案对数据都需要某种形式的认证和授权。

鉴于最近围绕 Web 2.0 和富互联网应用的传言,培训班里有一个组认为允许通过微软 Silverlight 应用程序访问数据会很不错。他们已经想过构建一个 ASP.NET 应用程序,但又喜欢 Silverlight 提供的更多可能性,比如交互式地切割数据。他们这个决定的另一个驱动因素是 Silverlight 客户端可以 "免费" 提供,花费的时间 "和构建一个 ASP.NET 应用程序是一样的"。"免费" 是一个非常大胆的观点,特别是考虑到他们有效地向软件系统中添加了一个额外的架构层。下面是我画的他们设计的概况,用以说明增加的复杂度。

虽然我不认为 Silverlight 应用程序不难构建,然而小组没有指出的关键问题是数据从哪来。像往常一样,有一些选项;从直接访问数据数据库,到在中间层暴露一些数据服务。

小组已经考虑了在 IIS(Internet Information Services,互联网信息服务)Web 服务器上部署一些 Windows 通信基础(WCF,Windows Communication Foundation)服务,作为数据暴露机制,但这导致了更多的问题。

(1) 你需要向 Silverlight 客户端暴露什么操作?

(2) 你会使用哪些技术捆绑和协议?

(3) 你如何确保人们不能插入自己定制的 WCF 客户端并消费服务?

(4) 如何部署和测试?

(5) 其他。

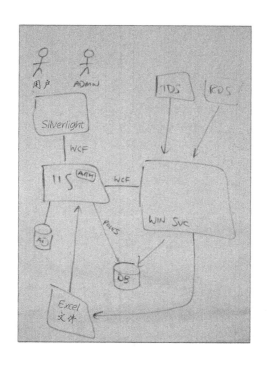

非功能需求

在这个案例学习中，第三个问题很重要。数据只应该被一小部分人访问，我们确实不想暴露一个任何可以访问开发工具的人都能消费的 Web 服务。

大多数安全意识很强的组织会在自己托管的对外 Web 服务器和隔离区之间部署防火墙，但我也见过一些软件系统，同样是那些受保护的 Web 服务器随后去访问正常的企业局域网内部服务器上部署的未受保护的 Web 服务。假设我的笔记本电脑能连接到企业局域网，通常就没有什么能阻止我打开微软 Visual Studio 之类的开发工具，定位到服务定义（比如一个 WSDL，Web Services Description Language，Web 服务描述语言文件），以不正当用途消费 Web 服务。在这种情况下，必须考虑数据服务的认证和授权，Silverlight 客户端也是如此。这需要对安全有全面的考虑。

时间和预算：没有什么是免费的

回到构建 Silverlight 客户端不会比构建 ASP.NET 应用程序更花时间的断言，其实这不可能，因为需要开发额外的数据服务来支持 Silverlight 客户端。在这种情况下，额外的富客户端层带来收益的同时，也要考虑到额外引入的复杂度。所有的架构决策都少不了权衡。更多的可移动部件意味着更多的设计、开发、测试和部署工作。不管厂商的市场炒作会怎么说，从来没有什么是免费的，你需要评估给设计增加额外层的优缺点，特别是如果它们产生了额外的进程间通信。

第 *28* 章
协同设计是一把双刃剑

让我们想象一下，你被任命负责建设一个三层的 Web 应用程序，有一个由具备 Web 技术、服务端编程和数据库专长的人组成的小团队。从资源的角度来看，这堪称完美，因为你拥有跨越整个栈的经验。你不应该有任何问题，对吧？

整个团队的有效性取决于很多因素，其中之一是克制自负的情绪，专注于交付给定语境下的最佳解决方案的意愿。有时候，个别人由于缺乏团队合作的经验，或在工作中产生了自负情绪，都会拖团队的后腿。如果有需求是为用户查看和处理我们的三层 Web 应用程序上的数据提供一种方式，每一个专家可能都会给你不同的方法。

- ❑ Web 开发者：只要给我 JSON 格式的数据，我们就能用它在 Web 层做任何想做的事。甚至能加入一些 jQuery 来动态处理浏览器中的数据；
- ❑ 服务端开发者：我们应该重用和扩展一些中间服务层已有的业务逻辑。这增加了重用，比把全部数据都发到 Web 层更安全，还能在周围编写自动化单元测试；
- ❑ 数据库开发者：你们都是白痴。不管你们要什么数据，我都能很快地写一个存储过程出来。

经验影响软件设计

我们拥有的知识、经验和偏好往往会影响我们设计软件的方式，尤其是如果一个人单枪匹马完成。缺少了交流，我们往往会基于已有的对软件应该如何设计的心智模型，去假设组件应该放在哪里、特性会如何工作。尽早扔掉这些假设有助于避免一些无可挽回的糟糕意外。我倾向于使用白板来设计软件的一个主要原因是它鼓励更加合作的方式，而不是大家都对着自己电脑上最喜欢的建模工具，各自为政。合作，也就是相互沟通和挑战。

就像结对编程，合作是处理软件设计流程的一个有效途径，特别是如果用轻量级的方法来做。合作提高了质量，也让我们可以讨论和挑战一些常见的基于自己已有知识、经验和喜好做出的假设。它也为代码集体所有制铺平了道路，有助于打破软件开发团队中常见的孤岛。团队中的每个人都会有不同的想法，但要达成共识。

28

第 *29* 章
软件架构是对话的平台

如果写软件是你日常工作的一部分，那么你的软件很可能不会孤立存在。在项目小团队里，我们会感到安全，特别是当每个人都相互认识、团队情绪高涨的时候。我们甚至建立起开发流程来帮助更好地沟通，设定优先级，最终交付更好的软件。然而，很多软件项目仍然由远离用户和运行环境的团队孤立地开发。

敏捷方法的成功告诉我们，要定期与最终用户或他们的代表沟通，才能确保我们构建的软件符合他们的需要。但其他的利益相关者怎么办？项目团队对软件应该做什么可能有清晰的愿景，但你经常会听到下面这样的说法，交付周期总是延迟。

- ❑ "没人告诉我们你需要在这个服务器上创建一个生产数据库。"
- ❑ "我们不能在那台服务器上升级到[Java 7|.NET 4]，除非 X 系统兼容。"
- ❑ "我们没有多余的生成许可证。"
- ❑ "对不起，这违反了我们的安全政策。"
- ❑ "对不起，在把你的应用程序推送到生产环境之前，我们需要做一些操作验收测试。"
- ❑ "我们到底应该怎样支持该应用程序？"
- ❑ "我不在乎你是否有一个完全自动化的发布流程……我不会把你的配置文件所需的生产数据库凭据给你。"
- ❑ "我们需要运行这个才能通过风险和合规团队。"
- ❑ "绝对不能让你的系统运行在公有云上。"

软件开发不只是交付特性

软件的使用者只是利益相关者的一类。通常还有很多其他的类型，包括下面这些。

❏ 当前的开发团队：当前的团队需要了解架构，知道驱动力是什么，这样他们给出的解决方案才会与架构一致，并且"管用"。

❏ 未来的开发团队：任何未来的开发、维护团队都需要掌握相同的信息，这样他们才会明白解决方案如何运作，才能以一致的方式修改它。

❏ 其他团队：你的软件往往需要和环境中的其他系统集成，从定制的软件系统到厂商的现成产品，因此每个人对它如何工作达成共识是至关重要的。

❏ 数据库管理员：有些组织有单独的数据库团队，他们需要了解你的解决方案如何使用他们的数据库服务（比如，从设计和优化到容量规划和归档）。

❏ 执行/支持人员：业务人员通常需要了解如何运行和支持你的系统（比如，从配置和部署到监测和故障诊断）。

❏ 遵守、风险和审计：有些组织有必须遵守的严格规定，你的组织可能也需要证明你们确实遵守了这些规定。

❏ 安全团队：对安全也是如此。有些组织有专门的安全团队，系统要经过他们的评审才允许进入生产环境。

这些只是一部分可能和你的架构有利害关系的利益相关者，可能还有其他的，这取决于你的组织及其运作方式。如果你认为自己能闭门造车独立完成一个软件架构，你很可能错了。软件架构并非是孤立的，软件设计过程是一个交流的平台。五分钟的交流就有助于捕捉那些往往不起眼的架构驱动力，提高成功交付的机会。

29

第*30*章
SharePoint 项目也需要软件架构

尽管我的商业经验大多数都跟开发定制的软件系统有关，也还是见过不少 SharePoint[①]和其他产品/平台实现，软件架构的基本原理已被遗忘或忽视。这里总结了为什么软件架构对 SharePoint 项目很重要。

1. 很多 SharePoint 实现都不只是 SharePoint

我见过的很多 SharePoint 解决方案都不仅仅是最终用户可以创建列表、分享文档和协作的 SharePoint 产品的简单实现。与大多数软件系统一样，它们是新旧技术的混合体，是复杂的集成，常常通过 Web 服务和其他集成技术进入企业的其他部分。无论是运行在 SharePoint 内部还是外部，定制的.NET 代码往往也是整体解决方案的一部分。如果你不考虑"大局"、了解环境及其约束，你最终构建的东西有可能是错的或者不管用。

2. 非功能性需求仍然适用于 SharePoint 解决方案

即使你没有为你的 SharePoint 解决方案写任何定制代码，也不意味着你能忽略非功能需求。性能、可伸缩性、安全性、可用性、灾难恢复、审计、监测等都是潜在适用的。我见过 SharePoint 项目团队忽视对关键非功能性需求的考虑，甚至是面向互联网的公开网站。结果不出所料，一个响应时间糟糕或安全缺陷严重（如跨站点脚本）的解决方案。这样的问题在项目生命周期的后期才被发现。

---

① 微软开发的企业信息管理方案。——译者注

3. SharePoint 项目很复杂，也需要技术领导力

和其他编程语言一样，SharePoint 是一个复杂的平台，解决一个问题通常有很多不同的方式。为了得到保持方法的一致性，避免混乱，SharePoint 项目需要很强的技术领导力。无论你是实现一个平台还是从无到有编写软件系统，软件架构角色都适用。如果你见过这样的 SharePoint 项目，一个看起来很混乱的团队最终交付质量糟糕的解决方案，你就会明白为什么有技术领导力很重要。

4. SharePoint 解决方案仍然需要编写文档

有了这样的复杂度，我还惊讶地不断看到没有任何文档的 SharePoint 解决方案。我不是在说多达 200 页的文件，但至少应该有一些轻量级的文档，给出解决方案的概览。用一些图表来展示 SharePoint 解决方案如何在高层次工作，也很有用。我的 C4 方法也很适合 SharePoint，一些轻量级的文档可以成为未来的支持、维护和改进工作的一个很好的出发点，特别是如果项目团队有变化，或者如果项目在外包协议下交付。

强大的领导力和纪律不只是针对软件开发项目

如果要交付软件解决方案，那就需要确保至少有一个人担任技术领导角色，否则你就错了。另一方面，所有这些都适用于其他平台的产品，比如 SAP 和微软 Dynamics CRM，特别是如果你"只是增加一个面向互联网的 ASP.NET 网站，来通过互联网暴露一些数据"。

我曾向 SharePoint 团队提起这一点，有的回答："但是 SharePoint 不是软件开发。"无论是不是软件开发，成功的 SharePoint 项目需要很强的技术领导力和纪律。SharePoint 项目也需要软件架构。

30

第31章
问 题

(1) 影响软件系统最终架构的主要因素是什么？你能列出哪些跟你工作中的软件系统有关的因素？

(2) 什么是非功能性需求，它为什么重要？什么时候应该考虑非功能需求？

(3) 时间和预算是大多数人立刻联想到的约束，你能指出更多吗？

(4) 你的软件开发团队是否使用了知名的架构原则？哪些原则？团队每个人都清楚地理解这些吗？

(5) 你如何处理软件设计流程？你的团队是以同样方式处理的吗？它可以明确阐述吗？你能帮助别人遵从同样的方式吗？

Part **IV**

可视化软件

这部分是关于用一套轻量但有效的草图对软件架构进行可视化。

第 *32* 章
沟通障碍

如果你正在一个敏捷软件开发团队中工作，那就看看周围。不管是真实还是虚拟的，可能都有一个故事墙或看板，可视化了将要开始的、进行中的和已完成的工作。

为什么？简单来说，可视化软件开发流程是一个引入透明的奇妙方式，因为任何人都能从一个较高层次一眼看清当前的进度。将它与价值流程图[①]之类的技术结合起来，就可以开始设计一些复杂看板来体现团队的工作方式。我们这个行业已经变得非常善于可视化软件开发流程。

然而，我们似乎已经忘了如何对正在构架的软件进行可视化。我指的不仅是项目完成后的文档，还包括软件开发过程中的沟通。

理解软件架构并不等于能够表达它。你办公室墙上的那些架构图，是反映了正在构建的系统，还是跟代码结构没有任何相似之处的概念抽象而已。多年来，我举办的架构培训班已有上千人参与，我可以非常自信地说，可视化一个软件系统的架构是一种只有极少人具备的技能。很多人都可以画图，但那些图往往有太多的想象空间，也几乎没有人使用正规的图表符号来描述他们的解决方案，这跟我十年前和软件团队工作的经验形成鲜明对比。

抛弃 UML

回想一下，结构化流程给软件设计流程和表达最终设计都提供了参考点。广为人知的例子包括 Rational 统一过程（RUP）和结构化系统分析与设计方法（SSADM）。软件开发行业在很多方面已经发生改变，但我们似乎忘了这些老方法留给我们的一些好东西。

作为一个行业，我们有统一建模语言（UML），一种用来表达软件系统设计的正规的标准化

---

① http://en.wikipedia.org/wiki/Value_stream_mapping

符号。然而，就 UML 对软件设计沟通是否有效的辩驳，通常是无关紧要的，因为很多团队已经不再使用 UML，甚至根本不知道它是什么。这样的团队通常会画些不正规的框线草图，但是这些图往往没有太大意义，除非再劳神费力加上详尽的叙述。下回再有人围绕那些不正规的草图给你展示软件设计时，你就问问你自己，他们展示的东西到底是在草图上的，还是在他们的脑子里的。

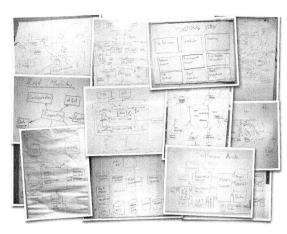

框线草图可以工作得很好，但也会为软件架构的沟通带来很多隐患

抛弃 UML 没什么问题，但在敏捷比赛中，很多软件开发团队都失去了视觉化的沟通能力。上图是软件架构草图的例子，说明了一些软件架构沟通的典型方法，都存在如下问题：

- 颜色标注通常意义不明或不统一；
- 图表元素（比如，不同样式的框和线）的作用不明；
- 图表元素之间的重要关系有时是缺失或含混的；
- 频繁使用如"业务逻辑"之类的术语；
- 技术选择（或可选项）通常被忽略了；
- 抽象层次混乱；
- 图表常常包含过多的细节；
- 图表常常缺少语境或逻辑起点。

框线草图可以工作得很好，但也会为软件架构的沟通带来很多隐患。我的方法是用一套简单图表，各自只展示整个故事的一部分，不使用 UML 时要密切关注图表元素。

敏捷需要良好的沟通

为什么这很重要？身处敏捷交付和精益创业的今天，很多软件团队都失去了对正在构建的东西的沟通能力。这些团队常常缺少技术领导力、方向和一致性，也就不足为奇了。要确保每个人都在为相同的目标付出，就要有效地表达你正在构建的东西是什么样的。想要敏捷，就要高效地表达。

32

第 *33* 章
对草图的需要

当告诉人们我到世界各地去教人软件架构和如何绘图时,得到的反应通常是怀疑或取笑。平心而论,不难看出这是为什么。软件架构的名声已经很差了,一说"大局"往往会让人想起分析瘫痪和一堆很少有人真正理解的 UML 图。毕竟,软件开发行业在过去十年已经有了长足发展,特别是敏捷宣言的影响以及由此催生的大量技术。

测试驱动开发与图表

测试驱动开发(TDD)是一个例子,它是那些你要么爱要么恨的技术之一。我们不讨论 TDD 是不是软件设计的"最佳方式",确实有很多人使用 TDD 作为设计软件的方式,但它不见得适合每个人。带着写出一些生产代码之后再编写测试的观点在白板上画出一些设计的草图,这也没有错。无论布道者说什么,TDD 都不是银弹。

我是一个非常视觉化的人,属于后一个阵营。我喜欢在试图找到解决方案之前,先将问题可视化。向我描述业务流程,我会勾画一个总结出来。跟我谈商业问题,我会画一个高层次领域模型。对我来说,可视化问题的一个方法是提问,搞清楚我是否明白你在说什么。我也喜欢把解决方案画出来,因为它是让一切都公开化、帮助其他人迅速理解的好方法。

为什么人们应该学习如何画草图

为什么这是一项值得人们学习的好技能?简而言之,敏捷(并因此快速行动)需要良好的沟通。画草图是在相对短的时间里传达大量信息的一个很好的方式,但这也是一项我们在软件行业中不再经常谈论的技能。这有几个原因：

(1) 很多团队立刻想到了 UML，但他们已经放弃了把它作为一种交流方法，或者从一开始就没搞明白过。毕竟，UML 显然"不酷"；

(2) 很多团队不再用可视化的方式来设计类，因为他们更倾向于 TDD。

画草图不是艺术

我说的"画草图"就是字面的意思。我在 12 岁的时候被告知，如果想选择艺术作为 GCSE[①]（高中）水平的科目注定会失败，因此很讽刺，我不会画画。但创造艺术作品的能力不是最重要的。相反，快速深入本质，以其他人能理解的方式总结要点，才是重要的。这是简单、有效和高效的沟通方式。

画草图不是综合模型

说明一下，我不是在谈论细节建模、综合 UML 模型或模型驱动开发。这是关于通过一个或多个简单的草图，有效且高效地交流你正在构建的软件的架构。这让你可以：

- 帮助大家理解正在构建的"大局"；
- 在开发团队中建立关于构建的共同愿景；
- 为开发团队提供一个焦点（比如，把草图贴在墙上），让开发团队里每个人都始终关注软件是什么以及如何构建；
- 为那些新功能应该如何实现的技术对话提供一个关注点；
- 提供一个软件开发者可以用来浏览源代码的地图；
- 帮助人们了解他们所构建的要如何融入"大局"；
- 帮助你向开发团队以外的人（比如，运营和支持人员、非技术的利益相关者，等等）解释正在构建的是什么；
- 让新加入团队的软件开发者快速上手；
- 为技术提供一个起点，比如风险风暴。

对于软件架构草图，我的目标是确保大家理解高层次结构，而不是类的设计细节。这是关于创建一个团队中每个人都能理解和做出承诺的愿景。语境、容器和组件图通常就够了。

画草图可以是协作活动

最后一点，草图可以是协作活动，特别是使用白板或活动挂图而非建模工具。相较于很多人

---

① General Certificate of Secondary Education，（英国面向十五六岁学生的）普通中等教育证书。——译者注

努力追求的协作自组织团队的概念，这要合适得多，但也要求团队里每个人都明白如何画草图。

不幸的是，在很多软件开发团队里，绘制图表似乎已经失宠，但这是每个软件开发者必备的技能，因为它为协作软件设计铺平了道路，让集体代码所有制变得更简单。每个软件开发团队都能从几张高层次草图中获益。

第31章
无效的草图

过去的几年中，我发现很多软件开发团队都努力地对他们所构建系统的软件架构进行可视化和交流。我认为主要有三个原因。

(1) 在很多软件团队加快采用敏捷方法的过程中，都把精华和糟粕一起泼掉了：建模和文档随着传统的计划驱动的过程和方法论一起被扔掉了。

(2) 看不到文档和图表的价值的团队，往往也抛弃了统一建模语言（UML，当然，假设他们一开始也在用），转而使用更轻量和务实的方法。基于与上千名软件开发者的会议和交谈，我掌握的证据显示，多达九成的软件开发者都不使用 UML。

(3) 很少有人教软件团队如何有效地可视化、建模和交流软件架构。并且，从我为一些计算机科学的学生举办的培训班来看，大学也是如此。

如果在大多数软件开发团队的办公室里晃悠足够长的时间，你一定能找到一些草图，不是画在白板上，就是办公桌上的废纸上。草图是捕捉和呈现软件架构的好方法，但它们通常缺少 UML 图的正规和严谨。这未必是一件坏事，但图表确实需要能被理解，这也是事情开始变得棘手的地方。过去几年我为上千人举办过软件架构草图专题研讨会，可以毫无疑问地说大多数人都觉得这件事很难。下面选出了一小部分来自这些专题研讨的照片，各组人尝试交流他们对金融风险系统案例的软件解决方案。挨个看看，问问你自己，他们是不是在以有效的方式交流解决方案的软件架构。有些图表使用了颜色，如果你在黑白的电子书阅读器上阅读本书，我向你表示歉意。

采购清单

无论这张图是软件架构图还是一套软件架构图中的一张，都没有太多解决方案的内容，基本上只是一个技术采购清单。

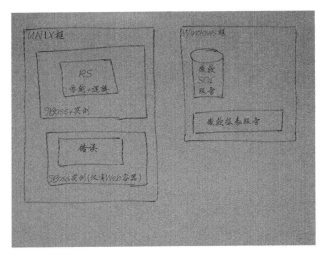

它有一个 UNIX 框和一个 Windows 框，还有一些附加的产品选择，包括 JBoss（一个 Java EE 应用程序服务器）和微软 SQL 服务器。问题在于，我不知道那些产品做了些什么，UNIX 框和 Windows 框之间似乎也缺少某种联系。既然职责和交互没有显示出来，这个图可能更适合用符号列表来展示。

只有框没有线

当人们谈论软件架构，他们往往指的是"框线图"。下面这个图只有框，却没有线。

这是一个采用微软技术栈的三层解决方案（在我看来）。顶部是一个 ASP.NET 的 Web 层，我认为它被用于某种用户交互，尽管图中没有明示。底部标有"SQL 服务器"，有很多独立的"数据库罐"。老实说，我不知道这些是不是独立的数据库服务器、结构或表。

最后，中间是一些框的集合，我觉得像是组件、服务、模块等。从另一个角度来看，能看到整个解决方案的中间层如何分解成更小块，非常好，这肯定是我在解决方案中希望看到的。但是，还是没有职责和交互。软件架构是关于结构的，是事物（框）以及它们如何相互作用（线）。这图有一点是其他图不具备的，它讲述了一个故事，尽管还不完整。

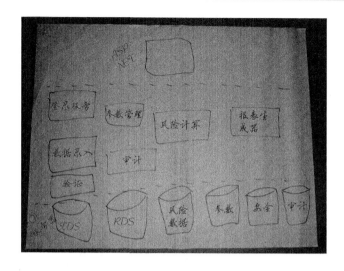

"功能视图"

这个图跟上一个很相似，也很常见，由于某些原因，在大型组织中尤其常见。

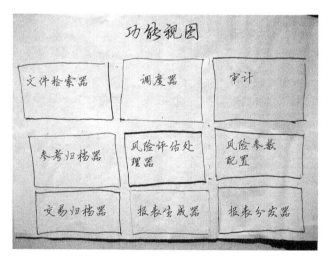

基本上，做出这张图的这个组也把他们对解决方案进行功能分解的过程做了简单的文档，我同样假设是组件、服务、模块等。它也面临着和前一张图相同的问题（没有职责和交互），除此之外我们还要破解颜色编码。你能说出来这些颜色各自代表的意义吗？它是不是跟输入和输出服务有关？或者也可能是业务和基础设施？已有和新增？购买和构建？或者可能只是每个人手里的笔颜色不一样！天知道！经常有人问我为什么中间的"风险评估处理器"的边框明显比其他的粗？我真的不知道，但我怀疑原因只是马克笔的角度不太一样。

34

航线图

这是我最喜欢的图之一，也是该小组用来展示他们解决方案的唯一一张图。

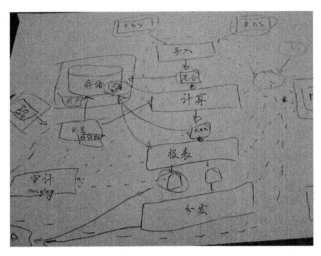

这张图的中轴线很不错，因为它展示了数据如何从源数据系统（TDS 和 RDS）进入，然后经过一系列步骤导入数据，执行计算，生成报告，并最终分发。这是一个超级简单的活动图，对于系统在做什么提供了一个很好的高层次概览。但接下来一切就都不对劲了。

我认为图右侧的绿圈很重要，因为一切都指向它，但我不知道原因。还有一个时钟，我感觉这意味着有事情会在某个特定的时候发生。只能祈祷它不是定时炸弹吧！

图的左侧同样令人困惑，各种不同颜色和样式相互纠缠。如果你仔细看，就会发现字母"UI"是倒过来的。说不定把这张图像折纸游戏那样叠起来，会更有意义？

一般正确

这是另一种样式很常见的图。下次再有人要你做一个系统的软件架构图，把这张图给他们就完事了！

这是一个很有"软件架构入门"风格的图，其中大部分内容都是通用的。不看图顶部的源数据系统（TDS 和 RDS），我们有笼统地标着运输、归档、审计、报告生成、错误处理的框，标着错误和动作的箭头。哦，看看中间的框——还标着"业务逻辑"。你构建过实现"业务逻辑"的软件吗？

有很多方法可以让这张图变得更有效，但只要把"业务逻辑"替换成"金融风险计算器"就至少点出了我们操作的业务领域。在 *Screaming Architecture*[①]一文中，鲍勃·马丁大叔说，代码组织应该强调跟业务领域相关的东西。软件架构图也应如此。

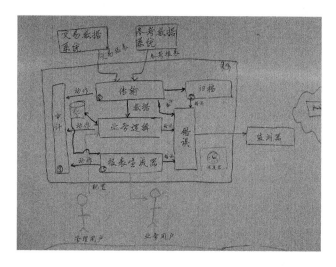

推迟技术

这张图也比较常见。它展示了软件架构的整体形态（包括职责，这一点我很喜欢），但把技术选择留给了你的想象力。

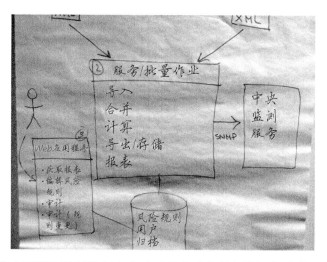

本书的其他部分会更详细地讨论包含或遗漏技术选择的问题，但基本上有一个误解："软件架构"图本质上应该是概念化的，不应该包含技术选择。毕竟，我经常听别人说金融风险系统"是

---

① http://blog.8thlight.com/uncle-bob/2011/09/30/Screaming-Architecture.html

一个简单的解决方案，可以用任何技术构建"。

部署和执行上下文

接下来是由一个 Web 应用程序和一堆服务端组件构成的 Java 解决方案。尽管它为这一方案提供了一个简单的高层次概览，还是缺少了一些信息，你要靠经验猜出这些空白。

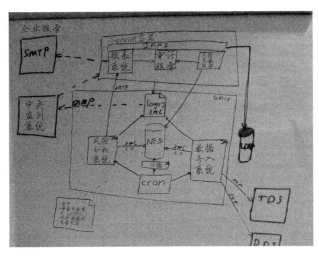

如果你看看图中心的 Unix 框，就会看到两个更小的，标有"风险分析系统"和"数据导入服务"的框。仔细点，还会看到这两个框上注明了"JAR"，这是 Java 代码的部署机制（Java ARchive，Java 档案）。基本上这是一个包含编译后的 Java 字节码的压缩文件，相当于.NET 的 DLL 文件。

这里存在歧义。如果你把一个 JAR 文件放在 Unix 框里会发生什么？答案是除了占用一些磁盘空间，什么也没有。cron（Unix 调度器）不会执行 JAR 文件，除非它们真的是独立的控制台应用程序，那种以"public static void main"方法作为程序入口的。然后通过推导，我认为这两个 JAR 文件实际上都是独立的应用程序，这也是我希望在图上看到的。我想了解执行上下文，而不是部署机制。

太多假设

下面的图告诉我们解决方案是一个多层 Java EE 系统，但它忽略了一些重要的细节。

对于通信是如何发生的，Web 服务器和应用程序服务器之间的连线没有提供任何信息。是 SOAP、RESTful 服务、HTTP 请求的 XML、远程方法调用、Windows 通信基础、还是异步消息？答案是不清楚，我考虑这一点有三个理由。

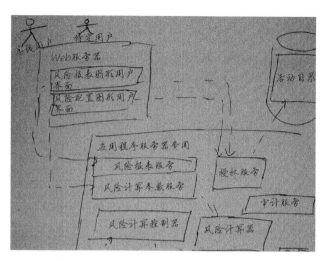

（1）约束：如果是在一个存在约束的环境中工作，技术的选择可能已经为你做好了。比如，你可能有进程间通信的标准，或者只允许某些类型的流量通过的防火墙。

（2）非功能需求：技术和协议的选择可能会影响到你能否满足非功能需求，特别是如果你正在处理高性能、可伸缩性和安全性。

（3）复杂度：我曾经与从未创建过多层架构的软件团队一起工作，他们往往误以为这种架构风格可以"不费吹灰之力"得来。在现实世界中，更多分层意味着更高的复杂度。

就算有很多选项，团队往往也不喜欢在把一些原型组成整体之前就匆匆提交。没问题，只是换成用潜在选项清单来注释图上那些线，这样至少我们能更好的对话。

无家可归的 C#对象（HOCO）

如果你听说过"简单的 C#对象"（POCO，Plain Old C# Objects）或"简单的 Java 对象"（POJO，Plain Old Java Objects），这就是无家可归的版本。这张图混合了许多不同层次的细节。

图的左下部是一个 SQL 服务器数据库，左上部是一个标为"应用程序"的框。注意，那个框同时还（用绿色）注明了"控制台 – C#"。基本上，这个系统似乎是由一个 C#控制台应用程序和一个数据库构成的。但其他的框是什么？

它们中大多数似乎是 C#组件、服务、模块或对象，跟我们在其他图里已经看过的很像。还有一个"数据访问"框和"记录器"框，可能是框架或架构层。所有这些框是否都代表了跟控制台应用程序和数据库相同级别的粒度，或者它们实际上是应用程序的一部分？我猜是后者，但缺少边界让这张图令人困惑。我想在大多数框周围再画一个大框，"所有这些东西都属于控制台应用程序"。我想给那些框一个家。我想要理解系统如何被分解成更小的组件，同时还想了解执行上下文。

34

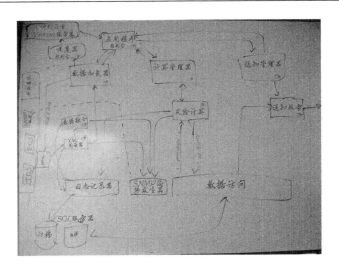

选择你自己的冒险

这是一张图的中间部分，全图更复杂。

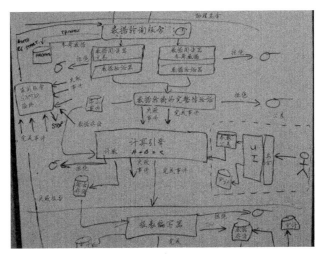

这有点像我在孩童时代读过的那些"选择你自己的冒险"的书。你可以从第 1 页开始阅读，并最终到达一个故事的分叉点，自己决定接下来要怎么做。如果想攻击一个遇到的大怪兽，翻到47 页。如果想像懦夫一样逃跑，那就到 205 页。要一直做类似的选择，最后，如果你的角色死了，就必须重新开始，很讨厌。

这张图也是如此。从顶部开始，一步步向下，这是一个复杂的异步事件驱动的架构风格。你常常要做出选择：应该顺着"失败事件"还是"完成事件"。在这本书里，所有的路径最终都会走向图左侧的（SNMP①）陷阱。

这张图很复杂，它试图展示一切，只用一种颜色却显得力不从心。去掉一些信息或使用多种颜色来突出架构中不同的路径，效果会非常好。

应该用白板

最后一张图作为例子很好地解释了为什么白板是有很用的工具。

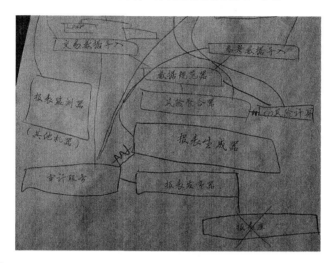

创建有效的草图

这些示例图代表我最初和软件团队一起工作，帮助他们更好地以可视化的方式交流软件架构时看到的一些东西。哦，别以为微软 Visio 能帮上什么忙！它往往只会让事情变得更糟，因为现在人们还要和工具纠缠。通过快速的谷歌图片搜索，我发现了下面这张图②，其中有很多跟我们已经看过的图相同的问题。我敢肯定，你曾看到这样的图。根据我的经验，中心化架构团队喜欢这类东西。

使用 UML 可以避免很多这样的陷阱，但现在似乎没有太多人有热情去学习这东西。简单而有效的软件架构草图是每个人都可以完成的，所需的不过是一些简单的建议和一组通用的抽象。

① Simple Network Management Protocol，简单网络管理协议。——译者注
② https://www.google.com/search?q=software+architecture+diagrams&tbm=isch

34

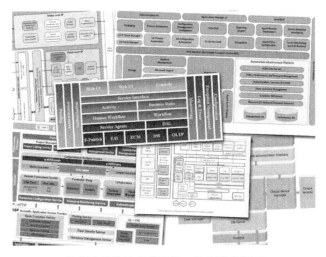

从谷歌图像搜索找到的一些典型的框图

第*35*章
C4：语境、容器、组件和类

在任何软件系统的开发周期内，代码都是最受关注的部分。这很正常，因为最终交付的只有代码。但如果要向别人解释系统如何工作，你会一来就说代码吗？

可惜，代码并非全部。在缺少文档的情况下，人们通常会在白板或纸上画框线，来解释哪些是主要的结构单元以及它们如何相互连接。用图片描述软件时，我们会倾向于制作一个超级图，尽可能多地把各个抽象层次的细节都塞进去。这可能是因为我们在预设问题，或者有点过于关注系统在代码层面的运行细节。这样的图往往乱成一团，既复杂又令人费解。选择一个 Microsoft Visio、Rational Software Architect 或 Sparx Enterprise Architect 之类的工具，不但不会让事情变得简单，往往更复杂。

更好的方法是制作一些抽象层次各异的图。比起一张试图讲清所有事情的复杂图，多张简单图可以更有效地描述软件。

通用的抽象集合

如果软件架构是关于软件系统的结构，那就有必要理解哪些是主要结构单元，以及它们如何在不同的抽象层次上相互融合。

假设一个软件使用了面向对象的编程语言，我喜欢用如下方式来思考它的结构：软件系统由多个容器构成，容器又由多个组件构成，组件由一个或多个类实现。大多数软件系统都可以用这种简单的逻辑结构单元的层级关系来建模。

❑ 类：对我们大多数人来说，在一个面向对象的世界里，类是软件系统的最小结构单元。

❑ 组件：组件可以想象成一个或多个类组成的逻辑群组。比如，其他组件可以使用审计组件或认证服务，来确定对特定资源的请求是否放行。组件通常由多个类在更高层次的约束下组合而成。

❑ 容器：容器是指一个在其内部可以执行组件或驻留数据的东西。它可以是从网络或应用服务器直到富客户端应用或数据库的任何东西。作为整个系统的一部分，容器通常是可执行文件，但未必是各自独立的流程。比如，我把每个 Java EE 网络应用或.NET 网站都看作一个独立的容器，不管它们是否运行在同一个物理服务器流程中。从容器的角度理解一个软件系统的关键在于，任何容器间的通信可能都需要一个远程接口，比如 SOAP 网络服务、RESTful 接口、Java RMI、Microsoft WCF、报文，等等。

❑ 系统：系统是最高的抽象层次，代表了能够提供价值的东西。一个系统由多个独立的容器构成，例如金融风险管理系统、网络网银行系统、网站等。

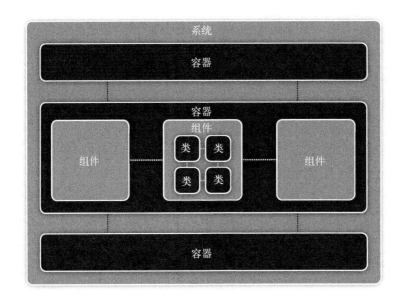

架构结构的简单模型

通过精确定义各种结构单元并特化它们之间的联系，我们不难看出如何更进一步。但是我不确定这会特别有用，因为它会限制和复杂化我们的目标：理解软件系统的结构，并建立能描述它的、简单的抽象集合。

总结软件的静态视图

我总结软件的静态视图时，大概会凭借脑海中的抽象集合，画出如下几类图。

　　(1) 语境：设定场景的高层次图，包括关键的系统依赖和参与者。

　　(2) 容器：容器图显示了高层次的技术选择，容器如何分担职责、如何通信。

　　(3) 组件：组件图可以让你看到每个容器的关键逻辑组件及之间的关系。

　　(4) 类：这是一个可选的细节层次。如果想解释某个模式或组件将（或已经）被怎样实现，我会画少量高层次 UML 类的图。促使我给软件系统的部分分类画图的原因包括软件的复杂性，团队的规模和经验。我画的 UML 图通常会是草图而非综合性的模型。

通用标记法的通用抽象

　　画简单草图对我和合作过的很多团队都管用。但这是为了提供结构性的想法和指导，而非制订标准。目标是帮助团队以有效且高效的方式沟通他们的软件设计，而非创造另一套综合性的建模标记。

　　UML 提供了一套通用的抽象和用于描述它们的通用标记，但我几乎看不到哪个团队可以有效地使用它们。我更愿意看到团队能够以通用的抽象来讨论他们的软件系统，而不是绞尽脑汁去理解各种标记元素想要展现的东西。至于我嘛，一套通用抽象比通用标记更重要。

　　大多数地图在履行这一准则上都是很好的例子。它们都显示了道路、河流、湖泊、森林、城镇、教堂等，但通常依据颜色编码、线条样式、图标等，使用不同的标记。理解它们的关键就是放置在地图一角的图例。在软件架构图中，我们同样可以使用图例。

　　必须重申，非正规的框线草图提供灵活性的代价就是一致性，因为你创造了你自己的标记，而不是使用 UML 等的标准。我的建议是注意颜色编码、线条样式、形状等，让你的团队自然发展出一致的标记。给每个图都添加一个解释标记的简单图例，这会很有帮助。如果命名真的是软件开发中最难的事情，就尽量避免一个图里都是带标签的框。标出框的含义有助于避免歧义，同时提供一个"一目了然"的友好视图。

图应该简单且脚踏实地

　　似乎有一个普遍的误解，"架构图"只能展示高层次的概念视图，所以难怪软件开发者常常认为它们毫无意义。软件架构图应该脚踏实地，软件架构流程应该关乎编码、指导和合作，而不是象牙塔。在架构图中包含技术选择（或可选项）通常是朝正确方向迈出的一步，可以让图看起来不像由一堆概念组件神奇地组合成一个端到端软件系统的象牙塔架构。

　　一张图可以很快变得乱七八糟，但一组简单的图让你可以有效地从不同抽象层次展示软件。这意味着说明你的软件会是一个又快又简单的任务，只需要花一点精力随时更新那些图。你永远不知道，其他人也可以看懂它们。

第36章
语 境 图

给软件系统画图和做文档时，语境图是很有用的起点，让你可以后退一步观察大局。

意图

语境图能帮你回答下面这些问题：

(1) 我们构建的（或已经构建的）软件系统是什么？
(2) 谁会用它？
(3) 如何融入已有的 IT 环境？

结构

在中间画一个简单的框图展示你的系统，周围是它的用户和其他与之相互作用的系统。比如，对金融风险系统的解决方案就会画出下面这样的图。细节在这里并不重要，因为它是你用来展示系统大局景观的广角视图。重点应该放在人和系统上，而不是技术和协议。

这些示例图展示了这个风险系统，被它的用户和其他所依赖的 IT 系统围在中间。

36

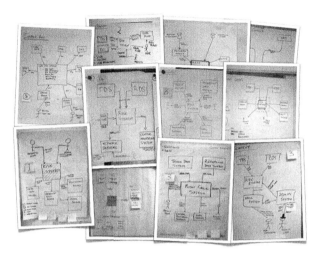

金融风险系统（见附录）的语境图示例

用户、演员、角色、人物等

这些是系统的用户。这个风险系统的用户主要有两大类：

❑ 业务用户（可以查看生成的风险报告）；
❑ 管理用户（可以修改风险计算过程所用的参数）。

IT 系统

根据不同的环境和选择方案，你可能想要在风险系统语境图上展示的其他 IT 系统包括：

❑ 交易数据系统（金融交易数据源）；
❑ 参考数据系统（参考数据源）；
❑ 中心监测系统（警报发往的地方）；
❑ 活动目录或 LDAP（认证和授权用户）；
❑ 微软 SharePoint 或其他内容/文档管理系统（分发报告）；
❑ 微软 Exchange（向用户发送电子邮件）。

交互

借助一些关于目标的信息，对标注交互行为（用户 < - > 系统、系统 < - > 系统，等等）非常有用，而不仅仅是由一堆框和意义不明的连接线组成的图。比如，标注用户对系统的交互行为时，我往往会做一张包含重要用例/用户故事的简短符号列表，以此来总结特定类型的用户如何与系统交互。

动机

你可能会问，这么简单的图有什么意义。下面就告诉你为什么它很有用：

❑ 使语境更明确，这样就不需要假设；
❑ 从一个较高层次展示了正在向已有的 IT 环境中添加的是什么；
❑ 技术和非技术的人员可以当作讨论起点的一种高层次图表；
❑ 牵涉到理解系统间接口的问题时，为你识别可能需要沟通的人提供了一个起点。

语境图不会展示太多细节，但确实有助于做好准备工作，是其他图表的起点。最后，画语境图应该只需要几分钟时间，因此真的没有理由不做这件事。

受众

❑ 直接的软件开发团队内部人员，外部的技术和非技术人员。

示例

让我们看一个例子。"技术部落"网站[①]为在泽西岛和格恩西岛(海峡群岛中最大的两个岛屿)寻找与技术、IT 和数字领域相关的人、部落（业务、社区、兴趣组等）和内容提供了一个途径。在最基本的层面上，它是一个本地的微博、新闻、博文、活动、讲座、工作以及更多东西的内容聚合器。这是一个提供可视化总结的语境图。

细节在这里不重要，因为这是你退后一步看到的。重点应该放在人（演员、角色、人物等）和软件系统上，而不是技术、协议和其他底层细节。

---

① http://techtribes.je

36

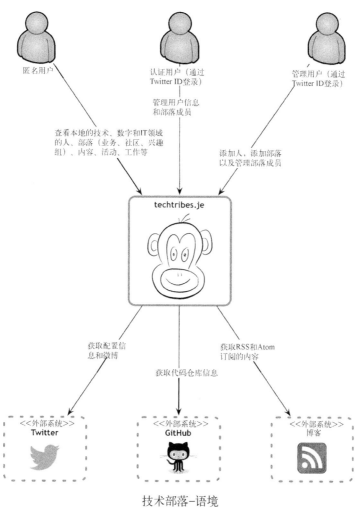

匿名用户

认证用户（通过
Twitter ID登录）

管理用户（通过
Twitter ID登录）

管理用户信息
和部落成员

查看本地的技术、数字和IT领域
的人、部落（业务、社区、兴趣
组）、内容、活动、工作等

添加人，添加部落
以及管理部落成员

techtribes.je

获取配置信
息和微博

获取代码仓库信息

获取RSS和Atom
订阅的内容

<<外部系统>>
Twitter

<<外部系统>>
GitHub

<<外部系统>>
博客

技术部落-语境

第37章
容器图

一旦通过语境图了解了你的系统如何融入整个 IT 环境，真正有用的下一步就是通过容器图说明高层次的技术选择。

意图

容器图可以帮助你回答下面的问题。

(1) 软件系统的整体形态是什么样的？
(2) 高层次技术决策有哪些？
(3) 职责在系统中如何分布？
(4) 容器之间如何相互交流？
(5) 为了实现特性，作为一个开发者，我需要在哪里写代码？

结构

画一个简单的框图来展示你的关键技术选择。比如，如果画金融风险系统的解决方案图，根据你的解决方案，大概会画出下面这样的图。

这些示例图展示了组成风险系统的不同的 Web 服务器、应用服务器、独立应用程序、数据库、文件系统，等等。包含一些语境图的概念往往对丰富内容很有用，比如用户和风险系统依赖的其他 IT 系统。

37

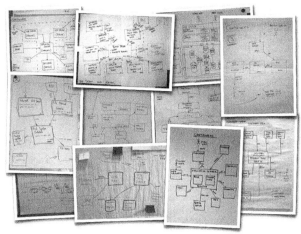

金融风险系统（见附录）的容器图示例

容器

这里说的"容器"，指的是组成软件系统的逻辑上的可执行文件或过程，诸如：

☐ Web 服务器[①]（比如 Apache HTTP 服务器、Apache Tomcat、微软 IIS、WEBrick 等）；

☐ 应用服务器（如 IBM WebSphere、BEA/Oracle WebLogic、JBoss AS 等）；

☐ 企业服务总线和业务流程编排引擎（如 Oracle Fusion 中间件等）；

☐ SQL 数据库（如 Oracle、Sybase、微软 SQL 服务器、MySQL、PostgreSQL 等）；

☐ NoSQL 数据库（如 MongoDB、CouchDB、RavenDB、Redis、Neo4j 等）；

☐ 其他存储系统（如亚马逊 S3 等）；

☐ 文件系统（特别是如果你在数据库以外读/写数据）；

☐ Windows 服务；

☐ 独立/控制台应用程序（即"public static void main"风格的应用程序）；

☐ Web 浏览器和插件；

☐ cron 和其他计划的工作容器。

图上的每一个容器都可以指定下面这些项。

☐ 名称：容器的逻辑名称（如"面向互联网的 Web 服务器"、"数据库"等）。

☐ 技术：容器的技术选择（如 Apache Tomcat 7、Oracle 11g 等）。

☐ 职责：容器职责的高层次声明或清单。你也可以展示一张驻留在每个容器中关键组件的小图，但我发现这通常会把图搞得很乱。

---

① 如果多个 Java EE Web 应用程序或.NET 网站是同一个软件系统的部件，通常会在单独的类加载器或应用程序域里被执行。我用单独的容器来展示它们，因为它们是独立的，要靠进程间通信（比如远程方法调用、SOAP、REST，等）来协同工作。

如果你纠结于容器图中是否要包含一个框，只要问自己，这个框是否会（或者能）部署到一个单独的物理或虚拟硬件上。你展示在容器图上的每件东西都应该能够单独部署。这并不意味着你必须将它们部署在单独的基础设施上，但它们应该能够单独部署。

交互

容器间的通信通常是进程间通信。明确这一点并总结这些接口将如何工作是很有用的。和其他任何图相同，它对于标注交互行为非常有用，而不仅仅是由一堆框和连接它们的含混的线组成的图。下面是一些有用的信息：

- ☐ 交互的目的（如"读/写数据"、"发送报告"等）；
- ☐ 通信方法（如 Web 服务、REST、Java 远程方法调用、Windows 通信基础、Java 消息服务）；
- ☐ 通信方式（如同步、异步、批量、两阶段提交等）；
- ☐ 协议和端口号（如 HTTP、HTTPS、SOAP/HTTP、SMTP、FTP、RMI/IIOP 等）。

系统边界

如果你选择将不属于你构建范畴的用户和 IT 系统囊括其中，在适当的容器周围画一个框来明确地标定系统边界可能是个好主意。系统边界对应了语境图上的一个框（比如"风险系统"）。

动机

语境图展示的软件系统是一个盒子，容器图则是打开盒子，展示里面的东西。这很有用，因为：

- ☐ 让高层次的技术选择更明确；
- ☐ 展示了哪些容器之间有关联，以及它们如何沟通；
- ☐ 提供了一个放置组件的框架（也就是说，所有的组件都有一个家）；
- ☐ 展示了高层次的语境图和通常很乱的组件图之间经常缺失的连接，组件图画的是整个软件系统中所有的逻辑组件。

和语境图一样，画容器图应该只需要几分钟时间，因此真的也没有理由不做这件事。

受众

- ☐ 直接从事软件开发的团队内部和外部技术人员；包括从软件开发者到运营和支持人员的每一个人。

示例

下面这张图展示了组成"技术部落"网站的逻辑容器。

简单地说,"技术部落"由一个向用户提供信息的 Apache Tomcat Web 服务器组成,而信息则通过独立的内容更新进程来保持最新。

所有数据都被存储在 MySQL 数据库、MongoDB 数据库或文件系统当中的一个。值得指出的是,这张图并未提及每个容器的物理实例的数量。比如,可能有一片运行在 MongoDB 集群上的 Web 服务器,但这张图并未展示这个层次的信息。相反,我在一个单独的部署图上展示了物理实例、故障转移、集群等。容器图展示了软件架构的高层次形态,以及职责如何分布。它也展示了主要的技术选择以及容器如何相互交流。这是一个简单的高层次技术图,对软件开发者和支持/运营人员很有用。

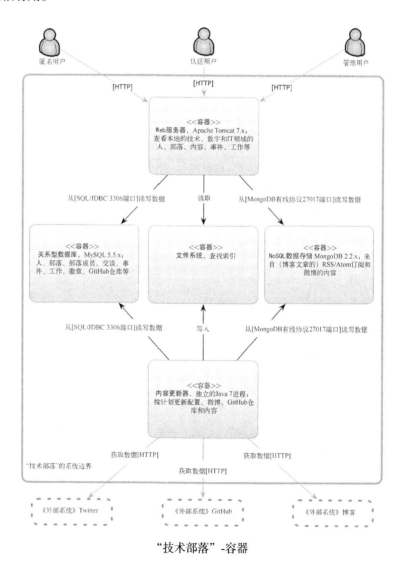

"技术部落"-容器

第38章
组件图

在展示了高层次技术决策的容器图之后，我将开始放大，进一步分解每一个容器。如何分解你的系统取决于你自己，但我倾向于鉴别主要的逻辑组件及其交互。这关系到将一个软件系统实现的功能划分为若干不同的组件、服务、子系统、层、工作流等。如果你遵循一种"纯面向对象"或领域驱动设计的方法，那么这对你可能管用，也可能不管用。

意图

组件图可以帮助你回答下面的问题。

(1) 系统由哪些组件/服务组成？
(2) 在高层次上，系统如何工作是否清晰？
(3) 所有组件/服务都有一个家吗（即驻留在一个容器中）？

结构

每当人们被要求绘制"架构图"时，最后通常会绘制一张展示组成软件系统的逻辑组件的图。除了我们一次只想看一个容器中驻留的组件，这基本上就是图的作用。如果你在设计一个金融风险系统的解决方案，这里有一些组件图的例子。

我画的组件图通常只展示驻留在单个容器内的组件。这并不是一条规定，对于小型的软件系统而言，通常也可以用一张图展示所有容器中的全部组件。如果这张图开始变杂乱，说不定就是时候拆分它了。

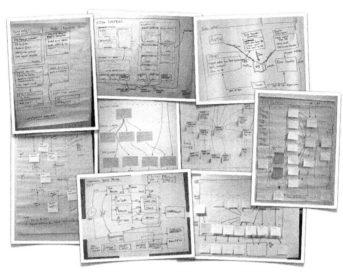

金融风险系统（见附录）的组件图示例

组件

设计一个金融系统风险的解决方案可能会包括如下组件：

- ❑ 贸易数据系统导入器；
- ❑ 参考数据系统导入器；
- ❑ 风险计算器；
- ❑ 认证服务；
- ❑ 系统驱动者/协调者；
- ❑ 审计组件；
- ❑ 通知组件（如电子邮件）；
- ❑ 监测服务；
- ❑ 等等。

这些组件是系统的粗粒度结构单元，你应该能理解如何通过一个或多个组件实现一个用例/用户故事/特性。如果能做到这一点，那么你很有可能已经掌控了每件事。举个例子，如果你有一个访问审计系统的需求，但没有审计组件或职责，那么也许你已经漏掉了什么。

对于图中绘制的每一个组件，你都可以指定：

- ❑ 名称：组件的名称（如"风险计算器"、"审计组件"等）；
- ❑ 技术：对组件的技术选择（如：普通的[Java|C#|Ruby|其他]对象、企业 JavaBean、Windows 通信基础服务等）；

❑ 职责：对组件职责的非常高层次的声明（如：要么是重要的操作名称，要么是描述职责的简短句子）。

交互

为其他类型的图重申相同的建议，对标注组件间的交互行为非常有用，而不仅仅是由一堆框和意义不明的连接线组成的图。下面是一些有用的信息：

❑ 交互的目的（如："使用"、"存留贸易数据"等）；
❑ 通信方式（如：同步、异步、批量、两阶段提交等）。

动机

把你的软件系统分解成多个组件，这在软件设计中比类和代码的抽象层次略高。审计组件可能是用连接了日志框架（比如，log4j、log4net 等）的某个类实现，但把它当作一个单独的组件来对待，也可以让你看到它是什么，它是你的架构中的结构单元。在这一层次工作，对于了解你的系统内部结构是一个很好的方式，哪里可以复用、哪里有组件之间的依赖、哪里有组件和容器间的依赖，等等。把整个问题分解为若干个独立的部分，也为你开始做一些高层次预估提供了基础，如果你曾经被要求对一个新项目做大概的预估，这就非常棒。

组件图展示了驻留在每个容器中的逻辑组件。这很有用，因为：

❑ 展示了在高层次上将你的软件系统分解为职责不同的组件；
❑ 展示了组件之间的关系和依赖；
❑ 为软件开发的高层次预估和如何分解交付提供了一个框架。

在这个抽象层次上设计一个软件系统，完全可以在数小时或数天内完成，而无需几周或几个月。它也为你做好了准备，可以在类和接口的层次上设计/编码而无需担心整体高层次结构。

受众

❑ 软件开发团队中的技术人员。

示例

如容器图所示，"技术部落"包含一个从 Twitter、GitHub 和博客拉取内容的独立进程。就组件而言，下图展示了内容更新器高层次的内部结构。

除了一些核心组件（见下），内容更新器由四个组件组成：一个计划内容更新器，一个 Twitter 连接器，一个 GitHub 连接器和一个新闻订阅连接器。这张图展示了内容更新器如何拆分为组件，这些组件是什么，它们的职责以及技术/实现细节。这里是核心组件。

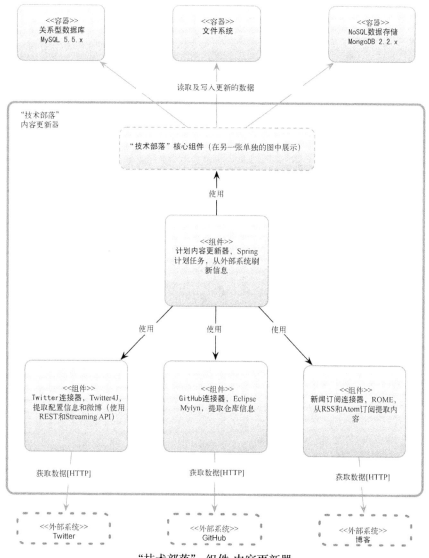

"技术部落"-组件-内容更新器
独立 Java 进程

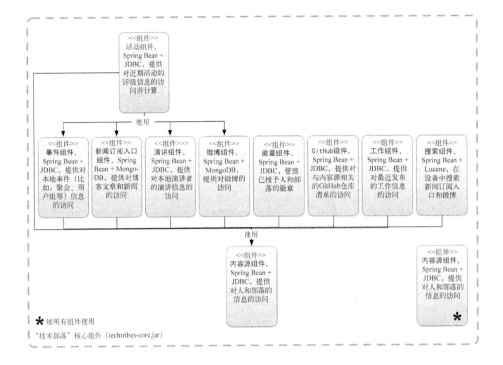

<<组件>>
活动组件，
Spring Bean +
JDBC，提供
对近期活动的
评级信息的访
问并计算

使用

<<组件>>
事件组件，
Spring Bean +
JDBC，提供对
本地事件（比
如：聚会、用
户组等）信息
的访问

<<组件>>
新闻订阅入口
组件，Spring
Bean + Mongo-
DB，提供对博
客文章和新闻
的访问

<<组件>>>
演讲组件，
Spring Bean +
JDBC，提供
对本地演讲者
的演讲信息的
访问

<<组件>>
微博组件，
Spring Bean +
MongoDB，
提供对微博的
访问

<<组件>>
徽章组件，
Spring Bean +
JDBC，管理
已授予人和部
落的徽章

<<组件>>
GitHub组件，
Spring Bean +
JDBC，提供对
与内容源相关
的GitHub仓库
清单的访问

<<组件>>
工作组件，
Spring Bean +
JDBC，提供
对最近发布
的工作信息
的访问

<<组件>>
搜索组件，
Spring Bean +
Lucene，在
设备中搜索
新闻订阅入
口和微博

使用

<<组件>>
内容源组件，
Spring Bean +
JDBC，提供
对人和部落的
信息的访问

<<组件>>
内容源组件，
Spring Bean +
JDBC，提供
对人和部落的
信息的访问

✱ 被所有组件使用

"技术部落"核心组件（techtribes-core.jar）

✱

第*39*章
是否包含技术选择

回想你最近一次看到的软件架构图。它看起来像什么，展示了哪个层次的细节，是否包含了技术选择？根据我的经验，大部分架构图都忽略了任何有关技术的信息，而是专注于说明功能分解和主要概念元素。这是为什么？

在设计过程中绘图

绘制软件架构图的主要原因之一是在软件设计过程中交流思想，就像你会在建筑项目前期看到草拟的蓝图。

在我定期举办的训练班上，我会要求各个小组设计一个简单的金融风险系统，这是其中一堂课上完成的一张架构图的照片。除了解决方案，这张图本身在我所见中也相当典型，它展示了一个概念性设计而不是技术细节。

问人们为什么他们的图不展示任何技术决策，得到的反应多种多样：

❑ "[金融风险系统]的解决方案很简单，可以用任何技术构建"；
❑ "我们不想把一种解决方案强加给开发者"；
❑ "这属于实现细节"；
❑ "我们遵循'最后责任时刻'原则"。

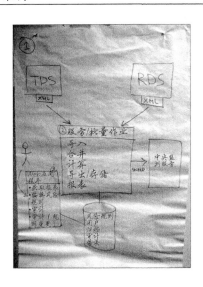

回顾性绘图

如果你是在软件构建完成之后，为了编写文档而回顾性地绘制软件架构图，那就真的没有理由忽略技术决策。然而，其他人不见得同意这种观点，我经常听到如下评论：

- "技术决策会把图搞乱"；
- "但是每个人都知道我们只使用 ASP.NET 操作 Oracle 数据库"。

架构图应该概念化

无论是在软件构建之前、过程中还是之后画图，似乎都有一个普遍的误解，架构图本质上应该概念化。

软件架构名声不好的一个原因是因为闭门造车的架构师绘制非常高层次的图像来描述他们宏伟愿景造成的刻板印象。我相信你也见过这样的例子：有一个标有"企业服务总线"的大框，连接到云端；或者可能展示了功能分解，却明显没有考虑愿景是否能够实现。如果你真的认为软件架构图本质上应该是肤浅和概念化的，那我的建议是雇用不懂技术的人，应该能解决你的问题。

回到真实世界，我喜欢看到脚踏实地的软件架构，技术选择不应该是实现细节。确保技术得到考虑的一个方法就是将技术选择展示在软件架构图中。

明确技术选择

哪怕你在一个所有软件都用一套标准的技术和模式构建的环境中工作，在软件架构图中包括技术选择都可以消除歧义。想象你在设计一个软件系统。你真的不思考到底要如何实现它？你真的是根据概念化的框和功能分解来思考？如果这些问题的答案是"不"，那么为什么不在图上增加这个额外的信息层。这样做为对话提供了一个更好的起点，特别当你有一个可用的技术选择时。强迫人们在他们的软件架构图中包括技术选择往往还能引发更丰富、深入、脚踏实地的交流。一个肤浅和概念化的图往往会造成许多假设，但分解技术使我们不得不问下面这类问题：

- "这个组件如何与运行在单独进程中的另一个组件沟通？"
- "这个组件如何初始化，职责又是什么？"
- "为什么这个进程需要和另一个进程沟通？"
- "为什么这个组件要用 X 技术而不是 Y 技术实现？"
- 其他。

至于技术决策把图搞乱的问题，有多种处理策略，包括使用容器图来单独展示主要技术决策。

在交流大局的整体而不只是其中一部分时，技术选择有助于把其他理想化和概念化的软件设计带回现实，再次脚踏实地。当然，把技术选择加入图中的其他副作用，特别是在软件设计过程中，就是它有助于确保让合适的人来画图。

第 *40* 章
你会那样编码吗

有一个普遍的误解：软件架构图需要被困在云里，展现逻辑上高层次的概念和表达，而不是物理的抽象。但它不应该是这样的，把它们带回到现实往往让图变得更容易解释和理解，也让图更好画。

为了说明为什么思考实现有助于绘图，这里有一些我在培训班上经常遇到的场景。

共享组件

想象你利用一个 Web 服务器、一个应用程序服务器和一个数据库设计来设计一个三层的软件系统。在思考驻留在这些容器中的高层次组件时，听到这样的对话并不罕见。

- ❏ 参与者："既然 Web 服务器和应用程序服务器都在使用日志组件，我们应该把它画在这两者之外吗？"
- ❏ 我："你会那样编写代码吗？日志组件会在 Web 服务器和应用程序服务器之外运行吗？比如说，它真的是一个单独的进程吗？"
- ❏ 参与者："好吧……不是，它很可能是我们会同时部署到两个服务器上的[JAR 文件|DLL|其他]中的一个共享组件。"
- ❏ 我："好，那么让我们也这样画图。在每个服务器中都包含日志组件，用一个注释、定型或符号把它标为共享组件。"

如果你要实现部署到多个不同服务器的共享日志组件之类的东西，确保你的图反映出这一点，而不是包含一些可能被误认为是单独的中心化日志服务器的东西来误导人们。如果有疑问，问问自己你会如何编写代码。

分层策略

想象你在设计一个内部可分为用户界面层设计、服务层和数据访问层的 Web 应用程序。

❑ 参与者："我们应该展示所有用户界面与数据库的沟通都要通过服务层吗？"
❑ 我："这是你打算实现的方式吗？或者用户界面会直接访问数据库吗？"
❑ 参与者："我们在考虑可能要采用 CQRS[①]模式，这样用户界面可以绕过服务层，直接使用数据访问层。"
❑ 我："在这种情况下，像你刚才解释的那样画图，从用户界面的服务和数据访问层都画出线。给线标注意图和理由。"

再说一次，要回答这类问题，最简单的方式就是搞明白你要如何编写代码。

图应该反映现实

如果你以画图来回顾性地交流软件系统，那么问题就变成了"我们会这样编写代码吗"。然而，原则是相同的。图应该表达反映现实的抽象，而不是对不存在的进行概念化表现。你应该能看到图的元素反映在代码库中，反之亦然。如果你能明白自己要如何编写代码，就能知道如何可视化。

---

① http://martinfowler.com/bliki/CQRS.html

第 41 章
软件架构和编码

　　尽管有很多软件团队都发现可视化他们的软件系统的架构很棘手，还是让我们假设情况并非如此，你在为一些想法绘制草图，这些想法跟你负责构建的新系统的软件架构有关。对于恰如其分的软件架构，一个重要方面是理解软件系统的重要元素如何结合在一起。

职责驱动设计和组件分解

　　对我来说，这意味着深入组件、服务或模块的层次，它们各自都有一组特定的职责。值得强调的是，这不是理解底层实现细节，而是进行初步的分解。基于组件开发的维基百科页面[①]有一个很好的总结，"组件"可能是像风险计算器、审计记录器、报表生成器、数据导入器等一样的东西。考虑一个组件最简单的方式就是，它是接口背后的一组相关行为，可以用一个或多个协作类实现（当然，假设是面向对象的语言）。好的组件和好的类有一些共性，应该高内聚、低耦合，有良好定义的公共接口、良好的封装等。

　　根据组件来考虑一个软件系统有很多好处，但本质上它让我们可以把软件看作少数高层次的抽象，而不是组成大多数企业系统中成百上千个类，来考虑和谈论。下面的照片展示了在我们举办的培训班上产生的一张典型的组件图。各组都要设计一个简单的金融风险系统，该系统需要拉取一些数据，执行一些计算，并生成一个 Excel 报表作为输出。

　　这张草图包含了你期望在一个导入数据、执行风险计算和生成报表的系统中看到的主要组件。这些组件为我们提供了一个区分我们系统内部行为的框架，这样在其中跟踪主要用例/用户故事就应该相对容易。这是软件开发过程中一个非常有用的起点，有助于建立团队能够为之努力的共同愿景。

---

① http://en.wikipedia.org/wiki/Component-based_software_engineering

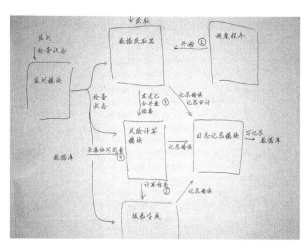

我们往往以组件为单位来思考

但这同时也非常危险。没有技术选择（或选项），这张图看起来就像那种闭门造车的架构师的作品，对很多拥有技术背景的人来说，它显得非常"概念化"（或者"肤浅"，取决于你的观点）。

我们谈论组件但编写类

人们一般都理解把软件当作少量高层次结构单元来考虑的益处。毕竟，这是在一个软件系统中划分职责的好方法，当人们讨论架构时，你会经常听到他们谈论组件。这就是基于组件的开发[①]，尽管很多人以组件来谈论他们的软件系统，然而代码通常并未反映出这种结构。这就是软件架构和依据原则编码之间会脱节的原因之一：墙上的架构图说的是一回事，代码说的却是另一回事。

当你打开一个代码库，由于代码的组织，它往往会反映出另外的结构。软件系统的架构视图和代码之间的映射往往有巨大差异。这就是为什么有时候你会看到人们忽视架构图（或文档），说"代码是唯一的真相"。乔治·菲尔班克斯（George Fairbanks）在《恰如其分的软件架构：风险驱动的设计方法》（*Just Enough Software Architecture*）[②]一书中称之为"模范代码的差距"。代码库的组织真的能帮助或阻碍对架构的理解。

用层封装代码

很多软件团队用分层来结构化他们的代码。换句话说，如果你打开一个代码库，就会看到域类包、UI 素材包、"业务服务"包、数据访问包、集成包等。这里我用了"包"这个 Java 术语，但同样适用于 C# 的命名空间，等等。

原因很简单。我们知道，架构分层一般都是"好事"，很多教程都把这种封装风格作为结构

---

① http://en.wikipedia.org/wiki/Component-based_software_engineering

② http://rhinoresearch.com/book

化代码的方法来教授。举个例子，如果你用谷歌搜索 Spring 或 ASP.NET MVC 的相关教程，就会在示例代码中看到这一点。我的职业生涯大都花在用 Java 构建软件系统上，在参与过的大多数项目中，我也用同样的封装方法。

这种封装代码的方法尽管没有什么错，代码结构却从未反映出我们从架构角度看这个系统时考虑的抽象。如果使用一种面向对象的编程语言，你在讨论架构时会谈论"对象"吗？以我的经验来看，答案是否定的。我听到的往往是组件和服务之类的概念，结果架构图中的"组件"实际上是由多个层上的类组合实现的。比如，你可能会发现一个组件有一部分在"服务"包里，其他部分则在"数据访问"包里。

为了做到这一点，较底层的代码（比如"数据访问"包）往往是公开可见的，这意味着它也能被架构中的其他层直接调用。

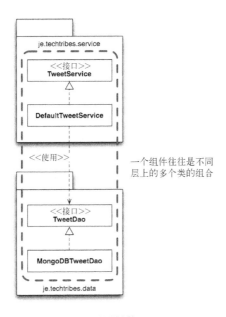

用层封装

用特性封装

然而用层封装并不是唯一的答案，马克·尼达姆（Mark Needham）有一篇非常好的博文"Coding: Packaging by vertical slice"[1]，讲到了一种基于功能的垂直切片来组织代码的方法。用谷歌搜索"以特性封装和以层封装"[2]，会得到很多有关这个话题的讨论。

[1] http://www.markhneedham.com/blog/2012/02/20/coding-packaging-by-vertical-slice/

[2] https://www.google.com/search?q=package+by+feature+vs+package+by+layer

用组件封装

用层来组织代码库使得软件的整体结构更易观察，但这也有取舍。举个例子，为了改变特性或用户故事，你需要深入多个层（比如包、命名空间等）探究。同时，考虑到企业系统内有相当标准的分层方法，很多代码库最后看起来都惊人地相似。

鲍勃·马丁大叔在 Screaming Architecture[1]中说，如果你正在看一个代码库，它应该喊出跟业务领域相关的东西。以特性而不是分层来组织代码能够做到这一点，但同样有取舍。我喜欢一点细微的变化，就是明确地以组件来组织代码。举个例子，如果你去 GitHub 看看 je.techtribes.component.tweet 这个包[2]，就会发现它看起来像这样。

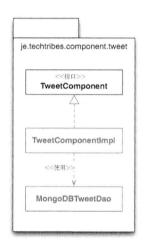

用组件封装

这很像以特性来封装，但它更类似于马克·尼达姆在博文[3]中谈到的"微服务"。je.techtribes.component[4]的每个子包都安置了一个单独的组件，具有自己内部的层和配置。只要可能，其内部的作用域都在包内。每个组件都可以拿出来，放进它自己的项目或源代码仓库，分别控制版本。如果你在构建有非常明确的松耦合架构的东西，比如由松耦合组件组成的分布式消息系统，可能会对这种方法感到很熟悉。

尽管大多数人以组件为单位考虑他们的系统，然而他们构建的东西本质上还是更整体化，对此我相当有信心。过去我当然也用类似方法封装过整体化代码库的一部分，但这往往是相当专门化的。老实说，以包来组织代码并不怎么费脑子，特别是考虑到我们所掌握的重构工具。以组件

---

[1] http://blog.8thlight.com/uncle-bob/2011/09/30/Screaming-Architecture.html

[2] https://github.com/techtribesje/techtribesje/tree/master/techtribes-core/src/je/techtribes/component/tweet

[3] http://www.markhneedham.com/blog/2012/02/20/coding-packaging-by-vertical-slice/

[4] https://github.com/techtribesje/techtribesje/tree/master/techtribes-core/src/je/techtribes/component

来组织代码让你可以从架构到代码库明确地反映"组件"的概念。如果你的软件架构图喊出了跟业务领域相关的东西（也应如此），这也会反映在你的代码库里。

对齐软件架构和代码

　　软件架构和编码常常被视为相互排斥的原则，架构和代码之间相互的映射往往非常少。对软件架构有效和高效地可视化有助于在团队内创造一个良好的共同愿景，让项目进行得更快。从架构到代码有一个简单而明确的映射还有进一步的作用，特别是当你开始观察协同设计和集体代码所有制。此外，这还有助于把软件架构坚决地带回到开发团队的领域，也就是它最终所属的地方。但不要忘了，你所用的架构风格需要反映在软件架构图中，不管是层、组件、微观服务或者别的什么东西。

　　围绕组件设计一个软件系统并不是"唯一正确的方式"，但如果你在构建整体化的软件系统，并认为它们是由一些更小的组件组成，那就确保你的代码库反映出这一点。考虑以组件（而不是层或特性）来组织你的代码，让软件架构和代码之间的映射更明确。如果解释你的软件系统结构很困难，那就改变它。

第 *42* 章
你不需要 UML 工具

当负责一个新软件系统的设计工作时，一些人首先会提出的问题之一就跟他们应该使用的工具有关。这样的讨论通常会重点围绕着统一建模语言（UML），以及他们的组织是否有任何比较知名的 UML 工具的许可证。

有很多类型的 UML 工具

不幸的是，这个问题并不容易回答，因为有很多商业和开源的工具可以帮助你进行软件架构和设计，这些工具往往会从不同的角度来处理这个问题。它们可以从较高层次归纳如下。

（1）只有图：有很多独立的 UML 工具和针对主流 IDE①的插件，可以让你画简单的 UML 图。它们对控制你的图和图描述的内容真的很有用，但这样的图也很容易随着时间推移而落后于现实。如果你有使用权，那么安装了 UML 模板的微软 Visio 或 OmniGraffle 都是很好的起点。

（2）逆向工程：有独立的 UML 工具和 IDE 插件可以从代码创建 UML 图。这非常好，因为你可以快速同步代码和图表，但这些图表往往也会很快变得杂乱，因为它们通常默认包含了所有细节（比如，每一个属性、方法和关系）。

（3）往返工程：许多逆向工程工具还允许你做往返工程，对模型所做的改变会反映在代码中，反之亦然。这有助于保持代码和图同步。

（4）模型驱动：有几个模型驱动架构（MDA）的工具，可以让你从模型自身驱动软件系统的实现，通常是通过在图上用可执行 UML（xUML）或对象约束语言（OCL）之类的语言标注出所需特性和行为。这些工具可以提供一个完整的端到端的解决方案，但为了从中受益，你需要遵

---

① 集成开发环境，Integrated Development Environment。——译者注

循一个不一样并且往往是刚性的开发过程。

既有效又简单

即使对可用工具分类的简短总结，也会带来数量巨大的选择。Rational 软件架构师？Visio？PowerPoint？OmniGraffle？WebSequenceDiagrams.com？你选择哪一个?!

然而关键在于，架构和设计软件并不需要 UML 工具。在过去几年的大会演讲中，我做了一些非正式的调查，只有 10%~20%的听众说他们在日常工作中经常使用 UML。一张白纸、挂图或白板，以及一套便利贴或索引卡，你需要的通常就是这些，特别是当你有一组人想要以协作的方式承担设计过程。你有没有试过三四个人挤在笔记本电脑屏幕前协作？

敏捷方法将这种技术含量不高的方法用于捕捉用户故事、故事墙和看板已经有一阵子了。在许多情况下，这是能够奏效的最简单的方法，但什么都抵不过办公室中间人人都能看到的、贴满了东西的白板。跟微软项目计划不同，没人能忍住不走过去瞧瞧那些仍在"待办"一栏的便利贴。

从软件设计的角度来看，使用技术含量不高的方法，可以把你从对使用工具的复杂性的担忧和对正式标记法的屈从中解放出来，从而能集中精力在软件设计的创造性工作上。就以勾画出大局为起点，加工必要的底层细节。记住，如果你不使用工具，就需要明确地思考各个抽象层次之间的可追溯性、规约和一致性。比如，UML 的箭头是有意义的，缺了线索，你随手画的箭头到底是指向依赖还是指示数据的流向，可能就不明显。如果过后需要的话，你总是可以用 UML 工具以更加正式的方式记录你的设计。

UML 的用途

在我看来，使用非正式的框线图而不是 UML 来可视化软件架构的主要原因是，对于我想传达的东西，UML 往往不是一个合适的选择。我的语境图、容器图和组件图呈现的信息可以通过用例、组件和部署图的混合使用获得，但我个人不觉得得到的图很容易用标记法解释。UML 对我的可视化软件架构的 C4 方法可能就没用，但我仍然将其用在我工作的软件项目上。

UML 周边的工具使它可以被用在许多方面，包括带有关联仓库的全面综合模型，到从现有代码反向工程得到的图表。UML 也可以用作简单的图表标记法，要么在白板上画草图，要么在微软 Visio 或 OmniGraffle 之类具有可安装的 UML 模板的工具中。这里是我对 UML 用途的总结。

- ❑ 流程和工作流：如果要构建一个流程自动化或是基于工作流的软件，我往往绘画一张简单的 UML 活动图来表示。很多人似乎忽略了 UML 活动图，但是我发现简单的流程图式的标记法适用范围非常广。
- ❑ 运行时行为：我的 C4 方法真的只关注可视化软件系统的静态结构，但从运行时的角度来呈现系统往往是有用的。UML 序列和协作图通常用于展示多个类在运行时协作实现一个特定的用户故事、用例、特性等。即使你的设计没有做到类这个级别，这些图表仍然非常有用。你可以展示协作容器或组件，而不是展示一系列协作类。

❑ 域模型：如果想可视化一个域模型，我会使用 UML 类图，得到的图通常只展示最重要的属性和关系。通常在这种图上我会隐藏所有类的方法分隔。

❑ 模式和原则：我经常需要解释如何在代码库中实现模式或原则（比如一本软件指南的代码部分），UML 类图显然是做这件事的方法。我的建议是让图保持简单，不要因感到有压力而展示每一个微小细节。

❑ 状态图表：UML 状态图是可视化状态机的好方法，标记法也相当直接。我发现人们总是忘记 UML 状态图的存在。

❑ 部署：要展示你的容器或组件是如何部署的，UML 部署图是一个很有用的方法。通常这种图呈现为非正式的框线图比较好，但决定权在你。

没有银弹

忘了昂贵的工具吧。很多时候，你需要的只是一张白纸、挂图或白板，特别是当你有一组人想要以协作的方式承担设计过程。然而不幸的是，当谈到设计工具时，并没有银弹，因为每个人、每个组织的工作方式都不同。一旦你确信自己明白了如何进行软件的架构和设计，才是时候开始研究软件工具来帮助改进设计流程。

是否使用 UML 并不是一个黑白分明的选择。几张到位的 UML 图真的可以帮助你呈现一个软件系统中复杂和详细的元素。如果你不熟悉 UML，也许现在就是让你意识到有很多可用图表的好机会。你不需要 UML 工具来做架构和设计，但它们确有自己的用途。你不需要把每种类型的图表全都用上！

第43章
有效的草图

统一建模语言（UML）是正规且标准化的交流软件系统设计的标记法，尽管很多人更推崇框线式草图。这样当然没有错，但你为了图表的灵活性而牺牲一致性，结果就是这些非正规的草图大多使用的图表元素都不一致，往往需要伴以叙述。

当你在白板上画草图时，如果要使用"无 UML"的图并决定以后用微软 Visio 之类的东西对其正规化，这里有几件事情要考虑。

标题

首先，真正能帮助人们理解一张图的事是包含一个标题。如果你使用 UML，根据图表的语境，图表元素会提供一些信息，但如果你的图表里都是框和线，这就不见得有帮助。让标题尽量短而有意义。如果一张图应该按特定的顺序来阅读，就用编号来确保顺序。

标签

你的图可能有多个标签，包括软件系统的名称、组件等。如果可能，避免使用缩略词，如果为了简洁确实需要使用缩略词，确保把它们记录在项目词汇表中或在图上某处留下图例。项目团队正式成员对常见的项目缩略词可能有共同的理解，而团队外的人或项目的新人则很可能不明白。

用来描述技术选择的缩略词在这里是例外，特别是如果它们在行业内被广泛使用。例子包括 JMS（Java 消息服务）、POJO（普通 Java 对象）和 WCF（Windows 通信基础）。让特定的语境来决定是否需要解释这些缩略词，如果有疑问，安全起见可以使用全称或包含一条图例。

形状

我见过的大多数框线式草图都不仅仅是框和线，这些团队使用各种形状来表达它们软件架构中的元素。比如，你经常会在一张图中看到圆柱，很多人会把它们理解为某种类型的数据库。确保给出解释来确认是否是这种情况。

职责

向架构图增加一个额外的信息层有一个很简单的方法，就是对系统和组件之类的东西，通过短小的声明标注其职责。项目符号列表（7±2项[1]）或短句很管用。提供这个信息时保持简短（这个信息使用更小的字体也很有帮助），在图上增加职责有助于对软件系统做什么以及如何结构化提供真正有用的"一目了然"的视角。

线条

线条是大多数架构草图的重要组成部分，扮演着将所有框（系统、容器、组件等）连接起来的粘合剂。而这正是线条的大问题，它们往往被认为是用来连接图上其他更重要的元素，自己并不会得到太多关注。每当在草图上画线时，确保你的用法一致，并且目的明确，比如下面这些。

- 线条样式（实线、点线、虚线等）：线条的样式有意义吗？如果有，意义是什么？
- 箭头：箭头是否指向依赖（比如：像 UML 的"用途"关系）或者表明数据正常的流向？

通常线条上的标注（比如"用途"、"发送数据"、"下载报告"等）有助于说明箭头所指的方向，但要注意两端都有箭头的线条！

颜色

软件架构图不一定是黑白的。颜色可以用来区分图中的元素或者确保它们是否被强调。如果要使用颜色，我建议你，特别是画草图时，通过包含一个颜色索引参考来确保你用的颜色编码是明显的。颜色能让世界变得不一样。你所需的只是一些不同颜色的白板、记号笔和一点点想象力。

边框

在图表元素周围添加边框（比如双行线、彩色线、虚线等）是强调或把相关元素归类到一起的好方法。如果要这样做，确保边框有明显的意义，要么给边框添加标签，要么在图例中包含一个解释。

---

[1] http://en.wikipedia.org/wiki/The_Magical_Number_Seven,_Plus_or_Minus_Two

布局

使用微软 Visio 或 OmniGraffle 等电子绘图工具，让布局图表元素变得更容易，因为你可以随意移动它们。很多人更喜欢站在白板或活动挂图前设计软件，主要是因为它提供了更好的协作环境。你要多想想图表元素的布局，因为如果空间不够，你就得不断地画了擦，擦了画，这会很痛苦。

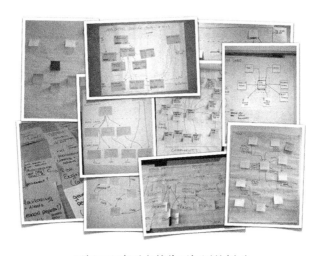

用便签和索引卡替代画框图的例子

用便利贴和索引卡替代绘制框图可以带来一定的灵活性。如果你使用一种类–职责–协作[1]式技术来识别候选的类/组件/服务，可以把所得的卡片作为开始创建你的图表的一种方式。

需要移动一些元素？没问题，移动它们。需要移除一些元素？没问题，把它们从图上拿掉，扔到一边。便利贴和索引卡是开始软件架构草图的好方法，但是我往往看到所得的图都很杂乱。哦，对了，便利贴往往没法好好粘在白板上，因此还是随手备一些蓝丁胶[2]吧！

方向

想象你在设计一个由 Web 层、中间层和数据库构成的三层的 Web 应用程序。如果要画一个容器图，你会怎么画？用户和 Web 层在上方，数据库在下方？别的方式？或者从左到右排列元素？

我看到的大多数架构图都把用户和 Web 层放在上方，但并非总是如此。有时候这些图会上下或前后颠倒，这也许说明了作者（潜在的潜意识）认为数据库是宇宙的中心。尽管没有"正确"的方向，然而从我们常规的思维来考虑，绘制"颠倒"的图要么令人困惑，要么具有非凡的效果。选择在你。

---

① http://en.wikipedia.org/wiki/Class-Responsibility-Collaboration_card
② http://en.wikipedia.org/wiki/Blu-Tack

要点

使用 UML 的一个优势是它为各种类型的图表提供了一个标准化的元素集。理论上，如果有人熟悉这些元素，就应该能理解你的图。在现实中情况并非总是如此，但对框线草图来说肯定不是如此，是画图的人逐渐发明了标记法。再次，这并没有什么错，但要通过在图中或旁边包含一个小图例来确保你给每个人平等的机会去了解你的创作。这里是几类你可能想要包含其解释的事情：

- ❑ 形状；
- ❑ 线条；
- ❑ 颜色；
- ❑ 边框；
- ❑ 缩略语。

有时候没有图例（比如"灰框似乎是已有系统，红框是新东西"）你也能理解图表元素的用途，但我建议安全起见加上一条图例。即使看似明显，也会被不同背景和经验的人误解。

图表的评审清单

软件架构流程就是为软件项目引入结构和愿景，因此评审架构图时，有一些事情可能是你想要坚持以确保情况就是如此的。这个清单适用于在架构流程开始阶段产生的图表，也适用于那些为一个已有软件系统回顾性编写文档而产生的图表。

(1) 我能从多个抽象层次看到并理解解决方案。

(2) 我理解大局，包括谁将使用系统（比如，角色、人物等）以及现有的 IT 环境（比如现有的系统）有什么依赖。

(3) 我理解逻辑容器和已作出的高层次技术选择（比如，Web 服务器、数据库，等等）。

(4) 我理解哪些是主要组件，以及如何使用它们来满足重要的用户故事、用例、功能，等等。

(5) 我理解所有这些组件是什么，它们的职责是什么，还能看到所有的组件都有一个归属。

(6) 我理解图表使用的表示法、约定、颜色编码，等等。

(7) 我能看到图表之间的可追踪性和一直在使用的图表元素。

(8) 我理解业务领域是什么，也能从较高层次看到软件系统提供的功能。

(9) 我理解实现策略（框架、类库、API 等），对于系统如何被实现也差不多能可视化。

倾听问题

最后一点，在图表绘制中要注意倾听任何出现的问题或作出的说明。如果你发现自己说这样的话，"说明一下，这些箭头表示数据流"，确保该信息体现在某处的图例中。

第 11 章

C4 的常见问题

当人们基于我的 C4 方法画架构图时，经常会问我下面这些问题。

语境图上的系统名称

问题：你说语境图应该包括一些必要的技术细节。那系统名称应该被包括在内吗？

回答：如果你需要包括一个众所周知的软件系统，那么我会将它的名称包括在图中。我可能还会只是为了避免任何混淆而加上一个简短的职责声明来明确那个系统是做什么的。

混合的抽象层次

问题：既然我的系统容器图看起来很简单，你会建议把容器图和组件图合到一起吗？换句话说，我能够在一张图上展所有容器中的全部组件吗？

回答：对于简单的系统，这是一个你可以尝试的选择。我发现，即使是微型系统，一张图展示容器及其组件往往也太乱了。我个人的偏好是保持容器图尽可能简单，为图中每一个容器标注一个简短的职责清单，而不是展示全部组件。这不仅会得到一张简洁的图，还能提供可以展示给运营和支持人员的很好的高层次技术图。

共享组件

问题：我的系统由一个 Web 服务器和一个独立应用程序组成，它们都使用一个共享的数据访问层。我应该怎么在图上展示这一点？

回答：我会把共享的数据库访问组件画在每个适当的组件图上，并用类似"这是共享组件"的注解来简单地注释。如果有疑问，问问自己将如何实际编码和部署系统。如果你的共享组件将和其他所有组件一起被部署在一个容器内，那就把它画在图上反映出来。

工具组件

问题：如果我有像日志组件这样被所有其他组件使用的东西，应该怎么在图上展示这一点？

回答：你有两个选择，然而只有一个倾向于得到更简洁的图。选项 1 是把日志组件画在图的中间某个位置，并与其他组件连接起来。尽管这是准确的，你的图却会很快变得混乱。选项 2 是把日志组件画在较偏的某个地方，简单标上"这是一个所有组件都在使用的工具组件"之类的注解。

从 IT 的角度勾画企业语境

问题：我喜欢 C4 方法，但它每次只关注一个软件系统。我们如何能够展示更多的软件系统？

回答：在现实世界中，软件系统从不孤立地存在，了解各种软件系统如何在企业的界限内结合在一起往往是很有用的。要做到这一点，我会简单地在 C4 图上面添加一个图，从 IT 的角度展示企业语境。因此 C4 变成了 C5，额外的这张图会展示：

- ❏ 组织边界；
- ❏ 内部和外部用户；
- ❏ 内部和外部系统（包括一个对它们的职责和拥有数据的高层次总结）。

本质上这变成了企业级软件系统的高层次地图，每个软件系统都对应了相关的 C4 层级。需要说明一点，以我的经验，我领会到企业架构并不只是关于技术的，但是很多组织并没有从企业架构的观点来看它们的 IT 环境。事实上，缺乏整体认识的各种规模的组织之多令我震惊，特别是考虑到 IT 通常是它们实现业务流程和服务客户的一个关键部分。从技术的角度勾画企业语境，至少提供了一种跳出围绕 IT 系统形成的典型筒仓来进行思考的方法。

第45章
问　　题

(1) 你能否解释你的软件系统在不同的抽象层次是如何工作的？你会用什么样的概念和抽象层次来加以解释？

(2) 你在使用 UML 可视化软件设计吗？如果是，那它有效吗？如果不是，那你用的是什么？

(3) 你能否可视化你正在开发中的软件系统？团队里其他人都能理解你使用的符号和画的图吗？

(4) "架构"图中是否包含了技术选择？

(5) 你理解你的软件系统架构图（比如，办公室墙上、维基及其他形式）吗？如果不理解，那么为了让它们更有效，你会做些什么？

(6) 你的软件系统已有的架构图，是否反映了对代码的抽象？如果没有，为什么？你打算如何改变它？

Part **V**

为软件生成文档

这部分是关于一个我们爱恨交加的重要话题：编写文档！

第46章
代码不会讲述完整的故事

我们都知道，编写好的代码很重要，重构迫使我们考虑让方法变得更小、更可复用和自文档化。有人说注释是有害的，自注释的代码才应该是我们的追求。不管你怎么做，我们每个人都应该追求易于阅读、理解和维护的好代码。但是代码不会讲述完整的故事。

让我们想象一下，你新加入一个正在进行中的软件项目。主要的结构单元都到位了，已经交付了一些功能。你启动了自己的开发机，从源代码控制系统下载了代码并加载到你的开发环境中。下一步要做什么，如何变得有效率？

如果没人有时间带你过一遍代码库，你可以根据对这个项目有限的了解、业务领域、你对团队如何构建软件的期望以及你对所用技术的知识，做出自己的假设。

举个例子，你可以通过代码库如何被拆分为子项目、目录、包、命名空间等对软件系统的整体架构做出一些判断。说不定有一些正在使用的命名约定。我们甚至能够从前面的微软 Visual Studio 屏幕截图判断出软件的一些特征，在这种情况下它是一个（匿名的）网上银行系统。

- ❑ 系统用 C#在微软.NET 平台上编写。
- ❑ 整个.NET 解决方案被拆分为很多个 Visual Studio 项目，有一个被称为 ib.web 的.NET Web 应用程序，你已经料到了，因为这是一个网上银行系统（IB 即"网上银行"）。
- ❑ 系统似乎是由多个架构层组成的。有 ib.web 和 ib.middletier，但我不知道是否有物理或逻辑层。
- ❑ 项目看起来有一个命名约定。如，iib.middletier.authentication.lib、ib.middletier.messaging.lib 和 b.middletier.bankingsystem.lib 似乎都是中间层相关的类库。这些仅仅是类的一种逻辑分组，还是一些更重要的东西，比如高层次组件和服务？

❑ 借助一些技术知识，我能够看到 ib.web 项目下潜藏了一个"服务引用"文件夹。这是 Windows 通信基础（WCF）服务的引用，在这个例子中，基本上就是 Web 服务的客户端。它们的命名似乎对应了中间层的类库，因此我认为我们实际上拥有的是一个分布式系统，它有一个暴露了一些良好定义的服务的中间层。

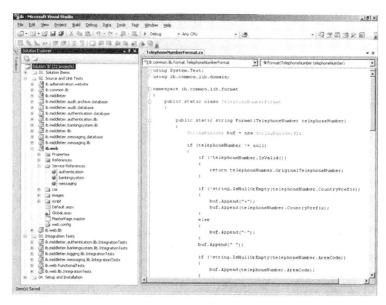

从哪开始

代码未描绘的设计意图

进一步深入代码会帮助验证你最初的假设正确与否，但也可能留给你一大堆问题。也许你在较高层次明白系统做的事情，但不明白像下面这样的事。

❑ 软件系统如何融入已有的系统形态；
❑ 为什么会选择正在使用的技术；
❑ 软件系统的整体结构；
❑ 各个组件在运行时部署在哪里，如何相互沟通；
❑ Web 层如何"知道"在哪里找到中间层；
❑ 日志/配置/错误的处理/其他采用了什么方法，在代码库中是否一致；
❑ 代码库中是否使用了通用的模式和原则；
❑ 如何添加新功能，在哪里添加；
❑ 栈的安全性是如何实现的；
❑ 如何实现可伸缩性；

- ❏ 与其他系统的接口如何工作；
- ❏ 其他。

我曾被要求评审和参与开发没有文档的系统。你当然可以从代码的角度评估大部分问题的答案，但这会很繁重。阅读代码的作用始终有限，但某些时候你可能需要向团队的其他人请教一些问题。如果没有问对问题，你就得不到正确的答案：你不知道你未知的。

辅助信息

任何软件系统，在代码之上都有另一个可以回答这些类型以及更多问题的信息层。

代码之上还有一个额外的信息层

这类信息和代码是互补的，应该在某处被捕获，比如轻量级的辅助文档，它能描述代码自己无法描述的东西。代码会讲故事，但不会讲述完整的故事。

第47章
软件文档即指南

敏捷软件开发宣言[①]说"可以工作的软件重于面面俱到的文档",看到很多软件团队将其解释成"不写任何文档"真是令人难以置信。其中的基本原理是,对最终用户来说真正工作的软件比一堆面面俱到的文档有价值得多,但是很多团队把敏捷宣言中的这句话当成了完全不写任何文档的借口。很遗憾,代码不会讲述完整的故事,缺少关于复杂软件系统的辅助信息源会让团队在努力浏览代码时被拖累。

我也坚信,软件团队有义务和代码库一起交付一些辅助文档,特别是那些在外包或离岸合同下构建软件的团队。我见过IT咨询组织交付高度复杂的软件系统给客户时甚至没有一页支持文档,往往是因为团队就没有任何文档。如果原来的软件开发者离开了咨询组织,新的团队能否理解软件的方方面面,它如何构建以及如何以契合原始架构的方式增强?那可怜的客户怎么办?是不是应该只交付给他们可工作的代码库?

问题是,当软件团队考虑文档时,他们通常想到的是基于一个1990年代软件架构文档模板的庞大微软Word文档,其中还包括一个需要为他们的软件支持的每一个用例绘制统一建模语言(UML)类图的部分。几乎没有人喜欢阅读这种类型的文档,更别说写了!我们需要一种不同的方法。我们应该考虑把辅助文档作为一个不断变化的旅游指南,而不是一个综合的静态历史片断。但这样的指南应该写些什么?

1. 地图

让我们想象一下,我把你传送出去,丢到世界上某处一条安静、树木茂密的乡间小道(图1)。

[①] http://agilemanifesto.org

你在哪里，如何找到这个问题的答案？你可以大声呼救，但这只在附近有人的时候才管用。或者你可以抬腿就走，直到认出什么东西，或者遇到某些文明后向他们寻求帮助。作为极客，我们可能会打开智能手机上的地图应用程序，用 GPS 来确定方位（图 2）。

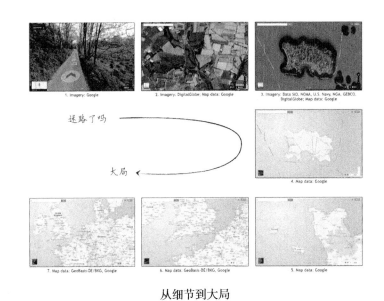

从细节到大局

图 2 的问题是，尽管它可以显示我们的方位，但"放大"得有点多，没有什么意义。如果进一步缩小，最终我们会看到，我把你传送到了泽西的一条乡间小道（图 3）。

接下来的问题，卫星图像显示了很多细节，相对于岛上一些显著的特征，如主要的道路和场所，很难看出我们在哪里。为了解决这个问题，我们可以移除卫星图像（图 4）。尽管没有那么详细，这种抽象却让我们看到了岛上一些主要的结构元素以及地名，这正是之前被细节掩盖的。有了这张岛的简化视图，我们可以进一步缩小，直到得到一张显示了泽西在欧洲的确切位置的大图（图 5、图 6 和图 7）。所有这些图像从不同的抽象层次显示了同一个方位，每一个都可以帮助你回答不同的问题。

如果我打开一个复杂软件系统的代码库，随机突出一行代码，探索会很有趣，但要搞明白你在哪里以及代码如何融入软件系统这个整体，都要花一些时间。大多数集成开发环境都有办法通过命名空间、包或文件夹来浏览代码，但代码库的物理结构和逻辑结构往往是不同的。举个例子，你可以用很多个类组成一个组件，用那些组件再组成一个可部署单元。

图表可以作为地图来帮助人们浏览一个复杂的代码库，这是软件的辅助文档最重要的组成之一。理想情况下，应该有数张简单的图表，各自展示软件系统或抽象层次的不同部分。我的 C4 方法就总结了软件系统的静态结构，但也有包括应用 UML 在内的其他方法。

2. 景色

如果去泽西①，你很可能想要一张地图。你真的应该去，那里太美了。港口有游客地图，简洁地展示了泽西的外貌。基本上，游客地图就是这个岛的详细草图，它们显示了抽象的外观，而不是展示每一栋建筑。虽然泽西岛很小，如果你没去过的话，这些地图打开一看也会很吓人，因此理想状态下你需要一个主要兴趣点和景点的清单。这是人们在假期会随身携带度假指南的的主要原因之一。无论是现实的还是虚拟的（例如你的智能手机上的一本电子书），指南无疑都会列出一份你不能不看的顶级景点的清单。

代码库也没有什么不同。尽管我们可以花很长一段时间绘图和描述每一段代码，但这样做真的价值不大。我们真正需要的是列出兴趣点，这样就能集中精力去理解软件的主要元素而无需陷入所有的细节。举个例子，很多 Web 应用程序实际上都相当无聊，相比于理解 200 多页的每一页都如何工作，我宁愿看看兴趣点。这可能包括实现 Web 页面和数据访问策略，以及处理安全性和可伸缩性的专利。

3. 历史和文化

如果你去过泽西，你可能会看到一些看起来偏离了环境的东西，举个例子，在岛的南部海岸，我们有一个可爱的建于 16 世纪的花岗岩石城堡，叫做伊丽莎白城堡②。你一边走一边欣赏建筑，最终会到达顶部，在那里它看起来就像有人卸下的一根混凝土大柱子。这跟城堡周围随处可见的复杂的花岗岩石雕格格不入。当你进一步探索，还会看到有迹象表明城堡在二战德国占领期间加固过。看，历史有助于解释为什么城堡是这样的。

再次，代码库没有什么不同，一些历史、文化和理念的知识能够长期地帮助你理解为什么一个软件系统是那样设计的。这对那些新加入一个现有团队的人特别有用。

4. 实用信息

旅游指南可能会包含的最后一件事就是实用信息。你知道，所有关于货币、电力供应、移民、地方法律、当地习俗、遇到困难如何解决等有用的小知识。

如果我们考虑一个软件系统，实用的信息可能包括在哪里找到源代码、如何构建、如何部署、团队遵循的原则，等等。所有这些都能帮助开发团队做好他们的工作。

保持短小简洁

探索十分有趣，但始终要花时间，而我们往往没有时间。既然代码不会讲述完整的故事，一

---

① http://www.jersey.com

② http://www.jersey.com/English/sightsandactivities/attractions/attractions/Pages/elizabethcastle.aspx

些辅助文档就非常有用,特别是如果你把软件交接给其他人或者经常有人离开和加入的团队。我的建议是,把这个辅助文档当作一个指南,它应该给人们上手提供足够的信息,帮助他们加快探索的过程。不过要抵挡住深入太多技术细节的诱惑,因为理解那个层次细节的技术人员自然知道如何从代码库找到它。和任何事一样,其中有一个愉快的平衡点。

以下标题描述了你可能想要包含在软件指南中的事情:

(1) 语境;

(2) 功能性概览;

(3) 质量属性;

(4) 约束;

(5) 原则;

(6) 软件架构;

(7) 外部接口;

(8) 代码;

(9) 数据;

(10) 基础设施架构;

(11) 部署;

(12) 运营和支持;

(13) 决策日志。

注意"视图"

很多典型的软件架构文档模板用来编写辅助文档实际上没有那么糟,但各个部分的名字往往令人困惑。如果你看了我刚才展示的标题清单,可能会好奇,典型的软件架构"视图"在哪里。

如果你以前没见看过这些,就有很多不同的方式来察看一个软件系统。例子有 IEEE 1471[1]、ISO/IEC/IEEE 42010[2]、菲利浦・克鲁西腾(Philippe Kruchten)[3]的 4+1 模型[4]等。它们的共同之处是都给一个软件系统提供了不同的"视图"来描述不同的方面。比如,通常有"逻辑视图"、"物理视图"、"开发视图",等等。

我发现很多方法都有个大问题,如果人们不熟悉方法使用的术语,很快就会变得困惑。比如,我听过到有人争论"概念视图"和"逻辑视图"有什么不同。我们还是不要开始关于是否允许技

---

[1] http://en.wikipedia.org/wiki/IEEE_1471

[2] http://en.wikipedia.org/wiki/ISO/IEC_42010

[3] 加拿大软件工程师,英属哥伦比亚大学教授,http://en.wikipedia.org/wiki/Philippe_Kruchten。——译者注

[4] http://en.wikipedia.org/wiki/4%2B1_architectural_view_model

术出现在逻辑视图的问题吧！观点也很重要。如果我是一个软件开发者，"开发视图"是不是就是代码，或是说那叫"实施视图"？但"物理视图"又是什么？我的意思是，代码就是物理输出，对吧？但对基础设施架构师而言，"物理视图"又是另一个意思。但是，假如目标部署环境是虚拟的而非物理的呢？

　　我的建议是，不管你如何编写文档，只要明白你想传达的是什么，并相应地给各部分命名。解决术语问题的一个选项是确保团队中每个人对各种架构视图是什么都能找到清晰的定义。在这方面，我高度推荐约恩·伍兹（Eoin Woods）和尼克·罗桑斯基（Nick Rozanski）所著的《软件系统架构》[①]。另一个方法是就是将各个部分重新命名来消除歧义。

产品与项目文档

　　最后一点，我这里指的文档风格是跟所构建的产品有关，而不是创建/改变这个产品的项目。和我一起工作过的一些组织有将近二十年的软件系统，尽管它们有不同数量的项目级文档，其中却往往没有一个能讲述产品如何工作、如何演化。通常这些组织有只有一个产品（软件系统），每一次主要的变化都作为一个单独项目来管理，结果过去 20 年中产品发生了巨大的变化，为了解软件当前的状态，要消化相当数量的项目文档。在这样的环境中，新员工往往只能读读代码，跟踪不同项目组产出的文档来填补空白，这至少是浪费时间！

　　我建议软件团队为他们构建的每一款软件系统都创建一份软件指南。这并不意味着团队不应该创建项目级别的文档，但应该有一个地方可以让人找到关于产品如何工作、如何随着时间演化的信息。一旦有了这样的软件指南，改变一个系统的每一个项目/变化流/时间段就是一个小的增量。每款产品一份软件指南，使得了解软件当前的状态变得简单得多，也为将来的探索提供了非常好的起点。

47

[①] http://www.viewpoints-and-perspectives.info

第 *18* 章
语　　境

语境应该是一份软件指南最开始的部分之一，用来为文档的其余部分设置好场景。

意图

语境部分应该回答下面几类问题。

- ❑ 这个软件项目/产品/系统是关于什么的？
- ❑ 构建的是什么？
- ❑ 它如何融入现有环境？（比如，系统、业务流程等）
- ❑ 谁在使用？（用户、角色、参与者、人物等）

结构

语境部分不需要太长，一到两页就够了，语境图是讲述故事大部分内容的非常好的方式。

动机

我见过不以设置场景作为开始的软件架构文档，看了 30 页，你还是搞不清为什么会有这个软件，它从何融入已有的 IT 环境。创建语境部分并不需要花很长时间，但会非常有用，特别是对团队以外的人。

受众

直接开发软件的团队内外的技术和非技术人员。

是否必须

是，所有软件指南都应该包含设置场景的初始语境部分。

第49章
功能性概览

即使软件指南的目的不是为了详细解释软件做什么，也有助于扩展语境、总结软件的主要功能。

意图

这部分让你总结系统的关键功能是什么。如果它们对架构很重要，还能解释为什么，就让你可以在系统的功能切片（用例、用户故事等）之间建立明确的链接。功能性概览应该回答下面几类问题。

- ❑ 系统实际上做什么是否清楚？
- ❑ 哪些特性、功能、用例、用户故事等对架构是重要的，原因是否清楚？
- ❑ 重要的用户是谁（角色、参与者、人物等）以及系统如何满足他们的需求是否清楚？
- ❑ 上述已用于塑造和定义架构是否清楚？

另外，如果你的软件自动化了业务流程或工作流，功能试图应该回答如下问题。

- ❑ 从流程的角度系统做什么是否清楚？
- ❑ 系统的主要流程和信息流是什么？

结构

如果有文档的话，无论如何都要参考；我的意思是功能规格、用例文档或者甚至用户故事清单。它对总结业务领域和系统提供的功能往往很有用。再次，图表很有帮助，你可以使用一个

UML 用例图或一组简单的线框图展示用户界面的重要部分。无论哪种方式，记住这部分的目的是提供一个概览。

另外，如果你的软件自动化了业务流程或工作流，你可以用流程图或 UML 活动图展示流程中较小的步骤，以及它们如何相互组合。这对突出进程交叉或合并等的并行、并发方面特别有用。

动机

用图来提供一个概览，这个部分不一定需要很长。语境部分总结了软件如何融入已有的环境，这个部分则描述了软件实际上做什么。再次，这是关于提供一个总结以及设定场景，而不是全面地描述每一个用户/系统交互。

受众

直接开发软件的团队内外的技术和非技术人员。

是否必须

是，所有软件指南都应该包含对软件所提供功能的总结。

第50章
质量属性

功能性概览部分总结了功能，也值得包含一个单独的总结质量属性/非功能需求的部分。

意图

这部分总结了主要的质量属性，应该回答下面几类问题。

❑ 对于架构必须满足的质量属性是否有清晰的认识？

❑ 质量属性是否满足 SMART 原则[①]（具体、可衡量、可达成、相关、及时）？

❑ 如果通常理所当然的质量属性并无必要，是否会明确标示为超出范围（比如，"用户界面元素只用英语呈现"就表明并没有明确考虑多语言支持）？

❑ 有没有不切实际的质量属性（比如，在很多组织中，实现真正的全天候往往很昂贵）？

此外，如果有任何质量属性被视为"架构上重要的"，并对架构产生影响，为什么不把它们记下来，这样你事后就能在文档中查阅。

结构

直接列出每个质量属性是一个很好的起点。例子包括：

❑ 性能（比如延迟和吞吐）；

❑ 可伸缩性（比如数据和流量）；

❑ 可用性（比如运行时间、停机时间、定期维护、全天候、99.9%等）；

50

[①] 一种目标管理方法，http://en.wikipedia.org/wiki/SMART_criteria。——译者注

- 安全性（比如认证、授权、数据保密性等）；
- 可扩展性；
- 灵活性；
- 审计；
- 监测和管理；
- 可依赖性；
- 故障转移/灾难恢复的目标（比如手工还是自动化，要花多长时间）；
- 业务连续性；
- 互操作性；
- 遵守法律法规（比如数据保护法）；
- 国际化（i18n）和本地化（l10n）；
- 可访问性；
- 易用性；
- 等等。

每一个质量属性都应该是精确的，不要让读者来解释。不属于这种情况的例子包括：

- "对于要求必须快速提供服务"；
- "上不封顶"；
- "尽快"；
- "尽可能小"；
- "尽可能多的客户"；
- 等等。

动机

如果你一直是个软件架构的好公民，积极考虑质量属性，那为什么不把它们写下来呢？质量属性往往不是放在盘子里端给你的，需要一定量的探索和提炼才能得到一个清单。简单地说，把质量属性写下来可以消除歧义，无论是现在，还是将来的维护/增强工作。

受众

由于质量属性本质上多半是技术性的，这部分实际上是针对软件开发团队中的技术人员。

是否必须

是，所有软件指南都应该包含对质量属性/非功能性需求的总结，因为它们通常以某种方式塑造了最终的软件架构。

第 *51* 章
约　　束

软件存在于现实世界的语境中，而现实世界有约束。这一部分可以让你说明这些约束，这样你工作在约束以内就很清楚，它们如何影响你的架构决策也很明显。

意图

约束通常是强加于你的，但不一定是"坏的"，因为减少可用的选项数目常常会让你的工作——设计软件——更容易。这一部分可以让你明确地总结工作中受到的约束，以及已经为你作出的决策。

结构

就像质量属性，直接列出并简要总结已知的约束就行了。约束的例子包括：

- ❏ 时间、预算和资源；
- ❏ 允许使用的技术清单和技术约束；
- ❏ 目标部署平台；
- ❏ 已有系统和继承标准；
- ❏ 局部标准（比如开发、编码等）；
- ❏ 公共标准（比如，HTTP、SOAP、XML、XML 结构、WSDL 等）；
- ❏ 标准协议；
- ❏ 标准消息格式；
- ❏ 软件开发团队的规模；

- 软件开发团队的技能配置；
- 所构建软件的本质（比如战术或战略）；
- 政治约束；
- 内部知识产权的使用；
- 等等。

如果约束确实有影响，就值得总结（比如，它们是什么、为什么要强加它们，是谁强加的），说明它们对你的架构有多重要。

动机

约束具有大规模影响架构的能力，特别是如果它们限制了可用于构建解决方案的技术。用文档记录下来，让你不必在未来回答关于为什么好像做了一些奇怪决定的问题。

受众

参与软件开发过程的每一个人，因为有些约束是技术性的，有些不是。

是否必须

是，所有软件指南都应该包含对约束的总结，因为它们通常以某种方式塑造了最终的软件架构。任何时候明确做出这些约束都是值得的，即使在有非常著名的约束集（比如，"我们所有的软件都是用 ASP.NET 访问 SQL 服务器数据库"）的环境中，因为约束会随着时间不断变化。

第*52*章
原　　则

原则部分总结那些已经使用（或正在使用）的设计和构建软件的原则。

意图

这个部分的目的就是明确你要遵循的原则，可以是由利益相关者明确提出的要求，或者你们（即软件开发团队）想要采用和遵循的原则。

结构

如果你已经有一套软件开发原则（比如在开发 wiki 上），那就直接参考。否则，就列出你遵循的原则，为每一条都加上简短的解释或进一步信息的链接。原则的例子包括：

- ❑ 架构分层策略；
- ❑ 视图中没有业务逻辑；
- ❑ 视图中没有数据访问；
- ❑ 接口的使用；
- ❑ 始终使用 ORM；
- ❑ 依赖注入；
- ❑ 好莱坞原则（不要给我们打电话，我们会给你打电话）；
- ❑ 高内聚，低耦合；
- ❑ 遵循 SOLID[①]（单一职责原则、开闭原则、里氏代换原则、接口隔离原则、依赖倒置原则）；

[①] http://en.wikipedia.org/wiki/SOLID_(object-oriented_design)

- ❏ DRY（don't repeat yourself，不要重复自己）；
- ❏ 确保所有组件都是无状态的（比如，让伸缩更容易）；
- ❏ 选择一个富域模型；
- ❏ 先择一个贫血域模型；
- ❏ 始终选择存储过程；
- ❏ 绝不使用存储过程；
- ❏ 不要重新发明轮子；
- ❏ 错误处理、日志等的通用方法；
- ❏ 购买而非构建；
- ❏ 等等。

动机

写下原则清单的动机是为了明确它们，这样参与软件开发的每个人都明白它们是什么。为什么？简而言之，原则确保了以相同的方法处理常见问题，有助于向代码库引入一致性。

受众

主要是软件开发团队中的技术人员。

是否必须

是，所有软件指南都应该包含对已经或正在用于开发软件的原则的总结。

第53章
软件架构

软件架构部分是"大局"视图，可以呈现出软件的结构。传统的软件架构文档往往称之为"概念视图"或"逻辑视图"，人们常常对这些视图是否应该指的是技术选择之类实现细节感到困惑。

意图

这个部分的目的是总结你的软件系统的软件架构，这样就能回答以下问题。

- ❑ "大局"看起来是什么样？
- ❑ 是否有清晰的结构？
- ❑ 从"30000英尺视图"看系统如何工作是否清楚？
- ❑ 它展示了主要的容器和技术选择吗？
- ❑ 它展示了主要的组件及其交互吗？
- ❑ 关键的内部接口是哪些？（比如，你的 Web 层和业务层之间的 Web 服务。）

结构

我用容器和组件图作为这个部分的重点，附上一小段解释图所展示内容的叙述和对每个容器/组件的总结。

有时候，展示组件交互的 UML 序列或协作图是描绘软件如何满足主要用例/用户故事/等的一个很有用的方法。但是，要抵挡住描述每个用例/用户故事如何工作的诱惑，只有当它能增加价值时才这样做！

动机

写这个部分的动机是它为人们提供了可以得到软件概览的地图，并帮助开发者浏览代码库。

受众

主要是软件开发团队中的技术人员。

是否必须

是，所有软件指南都应该包含软件架构部分，因为要让开发团队中每个人都很好地理解软件整体结构，它就是必要的。

第*54*章
外部接口

接口，特别是软件系统外部的，是任何软件系统中风险最高的部分之一，因此总结有哪些接口以及它们如何工作是非常有用的。

意图

这个部分的目的是回答下面几类问题。

❑ 关键的外部接口是哪些？

■ 比如，你的系统和其他系统之间的（不管它们在你的环境内部还是外部）。
■ 比如，暴露出来用于消费的 API。
■ 比如，从你的系统导出的文件。

❑ 每个接口都从技术角度考虑过了吗？

■ 接口的技术定义是什么？
■ 如果使用了消息，哪些队列（点对点）和话题（发布–订阅）是用于通信的组件？
■ 消息的格式是什么（比如，纯文本或 DTD/Schema 定义的 XML）？
■ 同步还是异步？
■ 异步消息的连接有保障吗？
■ 如果必要，人们会长期订阅吗？
■ 消息能否打乱顺序接收，这是一个问题吗？
■ 接口是否幂等？

- ■ 接口是否总是可用，或者比如说你是否需要在本地缓存数据？
- ■ 性能/可伸缩性/安全性/其他是如何满足的？

☐ 每个接口都从非技术角度考虑过了吗？

- ■ 接口所有权属谁？
- ■ 接口多久会有变化，版本怎么处理？
- ■ 是否有服务级别的协议？

结构

我倾向于简单地（以"从 X 到 Y"的形式）列出接口，附上一小段描述接口特征的叙述。为了在语境中理解这些接口，我会包含一个强调接口的简化版容器或组件图。

动机

写这个部分的动机是为了确保已经考虑和理解过接口，因为它们往往有风险却容易被忽视。如果没有得到接口的细节，这个部分可以作为一个检查清单，成为团队要承担的工作项目来源。

受众

主要是软件开发团队中的技术人员。

是否必须

不是，只有当构建的东西有一个或更多复杂接口时，我才会包含这个部分。举个例子，在标准的"Web 服务器→数据库"式软件系统中我不包含它，但如果 Web 应用程序需要跟一个通过 API 消费信息的外部系统通信，我就会包含这个部分。

第55章
代　　码

尽管软件指南的其他部分描述了软件的整体架构,但你还是想呈现底层细节,解释工作原理。这就是代码部分的目的。有些软件架构文档模板将其称为"实现视图"或"开发视图"。

意图

代码部分的目的是描述软件系统中重要、复杂、意义重大部分的实现细节。比如,我为自己曾参与过的软件项目写了以下内容。

- 生成/渲染 HTML:对生成 HTML 的内部框架的简短描述,包括主要的类和概念。
- 数据绑定:根据 HTTP POST 请求更新业务对象的方法。
- 多页数据采集:简短描述构建跨网页表单的内部框架。
- Web MVC:正在使用的 Web MVC 框架的一个使用示例。
- 安全性:使用 Windows 身份基础(WIF)进行认证和授权的方法。
- 域模型:域模型重要部分的概览。
- 组件框架:简短描述为了在运行时重新配置组件而构建的框架。
- 配置:简短描述代码库中使用的标准组件配置机制。
- 架构分层:分层策略和用来实现的模式的概览。
- 异常和日志:总结在各个架构分层中处理异常和记录日志的方法。
- 模式和原则:解释模式和原则如何实现。
- 等等。

结构

保持简单，每个想要描述的元素都只给一小段，如果对读者有帮助的话，还可以包含图表。举个例子，一个高层次的 UML 类或序列图有助于解释内部定制框架如何工作。抵挡住包含所有细节的诱惑，不要觉得你的图表需要展示一切。我喜欢花上几分钟时间勾画一个展示了选定（重要）属性和方法的高层次的 UML 类图，而不是使用 UML 工具或 IDE 插件从你的代码库自动生成的复杂图。任何图都保持在一个较高层次的细节意味着着它们能在更长时间内较少变动，保持最新，因为它们能够忍受代码的微小变化而仍然有效。

动机

写这个部分的动机是为了确保每个人都了解软件系统重要/意义重大/复杂的部分如何工作，这样人们就能够以一致和连贯的方式维护、增强和扩展它们。这个部分也有助于团队的新成员迅速行动起来。

受众

主要是软件开发团队中的技术人员。

是否必须

不是，但除了不重要的软件系统，我通常都会包含这个部分。

第*56*章
数　　据

一个软件系统相关的数据通常不是主要关注点，却可以说比软件本身更重要，所以对它做一些文档常常是有用的。

意图

数据部分的目的是记录任何从数据的角度来看重要的东西，回答下面几类问题。

- ❑ 数据模型看起来是什么样？
- ❑ 数据存储在哪里？
- ❑ 谁拥有数据？
- ❑ 数据需要多少存储空间？（比如，特别是如果你在处理"大数据"。）
- ❑ 归档和备份策略是什么？
- ❑ 业务数据的长期归档是否有法规要求？
- ❑ 日志文件和审计跟踪是否有类似的要求？
- ❑ 是否用简单文件来存储？如果是，用的是哪种格式？

结构

一个短小的部分包含你要描述的每个元素，保持简单；如果对读者有帮助，再包含域模型或实体关系图。就像我在代码部分的包含类图的建议，让任何图都停留在较高的抽象层次，而不是包含每一个字段和属性。如果有人需要这类信息，（举个例子）他们可以在代码或数据库中找到。

动机

写这个部分的动机是大多数软件系统的数据往往比软件存在得更久。这个部分可以帮助任何需要持续维护和支持数据的人，再加上任何需要在数据上提取报表或进行商业智能活动的人。软件系统在将来不可避免地要重写，这个部分还可以作为一个起点。

受众

主要是软件开发团队中的技术人员以及其他可以协助部署、支持和运营软件系统的人。

是否必须

不是，但除了不重要的软件系统，我通常都会包含这个部分。

第57章
基础设施架构

大多数的软件指南都专注于软件本身，然而我们也确实需要考虑基础设施，因为软件架构是关于软件和基础设施的。

意图

这个部分描述软件将会部署到的物理/虚拟硬件和网络。虽然作为一个软件架构师，你可以不参与基础设施的设计，但还是需要了解，让你有能力满足目标就够了。这个部分的目的是回答下面几类问题。

- ☐ 是否有清晰的物理架构？
- ☐ 在所有的层中，什么硬件（虚拟或物理）做了这件事？
- ☐ 如果适用，它是否满足冗余、故障转移和灾难恢复？
- ☐ 选择的硬件组件如何改变大小和被选中是否清楚？
- ☐ 如果使用了多个服务器和网站，它们之间的网络联系是什么？
- ☐ 谁负责基础设施的支持和维护？
- ☐ 有照管通用基础架构（比如，数据库、消息总线、应用程序服务器、网络、路由器、交换机、负载均衡器、反向代理、互联网连接等）的中心团队吗？
- ☐ 谁拥有资源？
- ☐ 开发、测试、验收、试制、生产等是否有合适的环境？

结构

这个部分的主要关注点通常是展示各种硬件/网络组件以及如何相互融合的基础设施/网络图，配合简短的叙述。

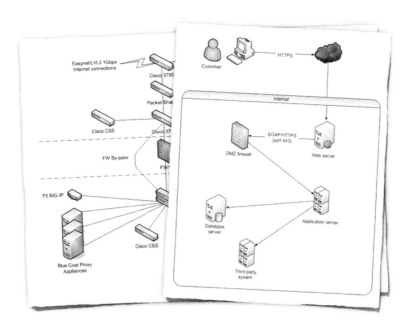

基础设施图示例，往往在微软 Visio 中创建

如果我在一个大型组织中工作，通常会有一个照管基础设施架构并为我创建这些图的基础设施架构师。有时候情况不是这样，尽管我会自己来画它们。

动机

写这个部分的动机是强迫我（软件架构师）走出自己的舒适区去思考的基础设施架构。如果我不理解它，有可能我创建的软件架构就不会工作，或者已有的基础设施不会支持我尝试做的事。

受众

主要是软件开发团队中的技术人员以及其他可以协助部署、支持和运营软件系统的人。

是否必须

是，所有软件指南都应该包含基础设施架构部分，因为它表明基础设施已经理解并考虑过了。

第 *58* 章
部　　署

部署部分就是软件和基础设施之间的映射。

意图

这个部分是用来描述软件（比如容器）和基础设施之间的映射。有时候这是简单的一对一映射（比如，把一个 Web 应用程序部署到单个 Web 服务器上），其他时候会更复杂（比如，把一个 Web 应用程序部署到服务器集群的多个服务器上）。这个部分回答下面几类问题。

- ❑ 软件安装和配置软件在哪里，怎么做？
- ❑ 软件如何部署到基础设施架构部分描述的基础设施元素上是否清楚？（比如，一对一映射、每个服务器多个容器等。）
- ❑ 如果这仍待决定，有哪些选项，是否做了文档？
- ❑ 内存和 CPU 在运行于单块基础设施上的进程间如何分配是否清楚？
- ❑ 有容器或组件以主动–主动、主动–被动、热备用、冷备用等形态运行吗？
- ❑ 部署和回滚策略是否已经定义？
- ❑ 软件或基础设施出现故障时会发生什么？
- ❑ 跨站点的数据如何复制是否清楚？

结构

有几种方式来组织这个部分的结构。

(1) 表格：展示软件容器和组件之间映射以及它们将被部署到的基础设施的简单文本表格。

(2) 图表：展示软件在哪里运行的 UML 部署图或者基础设施架构部分图的修改版。

在这两种情况下，我可以使用颜色编码指定软件和基础设施的运行时状态（比如，主动、被动、热备用、暖备用、冷备用等）。

动机

写这个部分的动机是为了确保我理解软件一旦脱离开发环境将会如何工作，还要为往往很复杂的企业软件系统部署记录文档。

这个部分能够提供一个有用的概览，甚至是对那些采用持续发布的团队[①]，并用 Puppet[②]或 Chef[③]之类的工具把所有的部署脚本化。

受众

主要是软件开发团队中的技术人员以及其他可以协助部署、支持和运营软件系统的人。

是否必须

是，所有软件指南都应该包含部署部分，因为它有助于解决软件部署在哪里或者已经在哪里的神秘问题。

[①] http://continuousdelivery.com

[②] https://puppetlabs.com/。——译者注

[③] http://www.getchef.com/。——译者注

第59章
运营和支持

运营和支持部分描述人们如何运行、监测和管理你的软件。

意图

大多数系统都会受到所支持的运营需求的限制，特别是关于如何进行监测、管理和执行。在软件指南中包含一个专门的部分可以让你明确你的软件如何支持那些需求。这个部分应该处理下面几类问题。

- ❑ 软件如何为运营/支持团队提供监测和管理系统的能力是否清楚？
- ❑ 在架构的各个分层中这是如何实现的？
- ❑ 运营人员要如何诊断问题？
- ❑ 错误和信息记录在哪里？（比如，日志文件、Windows 事件日志、SNMP、JMX、WMI、自定义诊断等。）
- ❑ 更改配置是否需要重新启动？
- ❑ 有需要定期执行的手动管理任务吗？
- ❑ 旧数据需要定期归档吗？

结构

这个部分本质上是叙事性的，每个标题对应一组相关的信息（比如监测、诊断、配置等）。

动机

我承担过对已有软件系统的审计工作，我们不得不花时间搜寻日志文件的位置等基本信息。时代变了，团队成员也继续前进，因此记录这些信息有助于防止将来发生没有人明白如何运营软件的情况。

受众

主要是软件开发团队中的技术人员以及其他可以协助部署、支持和运营软件系统的人。

是否必须

是，所有软件指南都应该包含运营和支持部分，除非你喜欢把软件扔进黑洞，然后只往好处想。

第60章
决策日志

你可能会考虑包含在软件指南中的最后一件事是在软件系统开发过程中做出决策的日志。

意图

这个部分的目的是简单记录所做的重要决策，包括技术选择（比如，产品、框架等）和整体架构（比如，软件的结构、架构风格、分解、模式等）。

- ❑ 你为什么选择技术或框架 X，而不是 Y 和 Z？
- ❑ 你是怎么做的？产品评估还是概念证明？
- ❑ 你是否根据公司政策或企业架构战略而被迫做出关于 X 的决策？
- ❑ 你为什么选择所采用的软件架构？你考虑过其他哪些选项？
- ❑ 你怎么知道解决方案满足主要的非功能性需求？
- ❑ 等等。

结构

再说一次，用一小段文字描述你要记录的每个决策，保持简单。如果有其他资源，比如概念证明、性能测试结果或产品评价，一定要参考。

动机

记录重要决策的动机是这个部分在将来可以作为一个参考点。所有的决策都是依据特定的语境做出的，通常都有取舍。对一个给定的问题，通常没有完美的解决方案。事后阐明决策过程往往是复杂的，尤其是如果你向刚加入团队的人解释这个决策，或者处在一个定期变化语境的环境中。

尽管"从未有人因为购买 IBM 而遭解雇"，也许写下公司政策强迫你使用 IBM WebSphere 而不是 Apache Tomcat 的事实，会在将来为你省去一些令人头大的对话。

受众

主要是软件开发团队中的技术人员以及其他可以协助部署、支持和运营软件系统的人。

是否必须

不是，但如果我们（团队）在考虑技术选择或架构风格之类的重要事情上花费超过几分钟，我通常都会包含这个部分。如果有疑问，花几分钟写下来，特别是当你为一个在外包协议下给客户构建软件系统的咨询组织工作时。

第61章
问 题

(1) 我们都应该努力写出自文档化的代码，但这样就够了吗？如果不够，还缺少什么？

(2) 你会给你的软件系统写文档吗？如果会，为什么？如果不会，又是为什么？

(3) 如果你有很多项目级的文档，但只有很少产品级的文档，新加入团队的人该如何理解你的软件系统？怎样可以让他们更轻松一点？

(4) 在你所处环境中，你认为什么是最低水平的辅助软件文档？

(5) 你的辅助文档保存在什么地方（比如：源码控制系统、网络文件共享、SharePoint、维基等）？对你的目标群体来说这是最好的方案吗？

Part VI

开发生命周期中的软件架构

　　最后这部分将探讨如何将前面的内容融入软件开发的日常工作，也会解答应该做多少软件架构（以及预先设计）这一问题。

第*62*章
敏捷和架构的冲突：神话还是现实

"敏捷"和"架构"常被看作是互斥的，然而现实却往往相反。有些软件团队认为架构是不必要的恶魔，另一些则认为他们需要重新考虑架构。

概括来说，架构就是结构和愿景，这个过程的关键在于理解重要设计决策。即使是最敏捷的软件项目都会有一些架构的顾虑，真的应该预先考虑，除非你经营的是最精益的初创公司，否则也确实找不到方向。因此，敏捷软件项目需要"架构"，但这似乎与过去十多年所宣传的敏捷相悖。一句话，敏捷项目需要架构，因此敏捷和架构并不冲突。那么，冲突在哪里？

冲突 1：团队结构

架构和敏捷软件开发方法之间的第一个冲突与团队结构有关。传统的软件架构方法会有一个专门的软件架构师，他们就好像来自远离软件构建流程的象牙塔中的独裁者。解决方案架构师只提供大量设计文档给开发团队，放手不管，造成严重破坏。这种不幸的刻板印象导致在软件开发团队中安排一个专门的架构师的做法遭到反对。

敏捷软件开发团队努力争取的目标之一，是减少用文档传递来沟通产生的管理开支。对有些组织来说，这是加强合作、减少浪费的正确做法。这些组织往往更愿意组建由通才组成的、几乎可以胜任各种任务的小团队。事实上，由于敏捷方法的宣传方式，一种常见的看法是，敏捷团队必须由跨职能的团队成员组成，并且是自组织的。结果呢？很多敏捷团队会告诉你，他们"不需要讨厌的架构师"！

冲突 2：流程和产出

第二个冲突，是敏捷和大型预先设计在流程和期望产出（即人们常说的架构）上的差异。敏捷方法的主要目标之一是周期性少量地提供客户价值，这关乎快速行动、接收反馈、拥抱变化。而大型预先设计的目标是在蓝图（通常是一个计划）到位前，对全部事情达成共识。

敏捷宣言[①]更推崇"随机应变"而非"依计划行事"，但这显然不意味着不做任何计划，似乎有些敏捷团队害怕做任何一点"分析"。结果为了避免大型预先设计，敏捷团队常常不做任何预先设计，而是用"浮现式设计"或"演化架构"之类的术语来为他们的做法辩解。我还听说有团队宣称他们采用的测试驱动开发（TDD，Test Driven Development）根本不需要"架构"，但也就是这些团队在将来某个时候会为不断重构所累。

软件架构提供了 TDD、BDD、DDD、RDD 和代码整洁的分界线

每当我和团队谈起软件架构，都有一个被反复问到的问题，TDD[②]、BDD[③]、DDD[④]、RDD[⑤]等技术跟架构的关系如何？这个问题其实是问 xDD 是否是"软件架构"的替代，特别是在"敏捷环境"中。简短的回答是否定的。稍长的回答是，思考软件架构的过程其实是确定范围，在范围之内你可以用任何一种 xDD 和你喜欢的敏捷实践来构建软件。

对我来说，原因很简单：你需要思考架构的驱动力（影响最终软件架构的重要事情），包括下面这些。

❑ 功能需求：需求驱动架构。不管怎么捕捉和记录需求（比如，用户故事、用例、需求规格书、验收测试等），你都要大概知道你在构建什么。

❑ 质量属性：非功能需求（比如，性能、可扩展性、安全等）通常是技术方面的，也很难改造。理论上，这些都需要体现在初始的设计中，忽视这些属性会导致软件系统要么做得不够，要么做得太过。

❑ 约束：约束普遍存在于现实世界，包括批准的技术清单、规定的集成标准、目标部署环境、团队规模等。再说一次，不考虑这些会导致你交付的软件系统与环境不匹配，增加不必要的摩擦。

❑ 原则：是在试图为软件提供一致性和清晰度时你想要采用的东西。从设计的角度来看，这包括你的分解策略（比如，层、组件和微服务的对比）、关注点分离、架构模式等。明确概述一套初始的原则至关重要，这样构建软件的团队才会朝着同一方向出发。

---

① http://agilemanifesto.org

② 测试驱动开发，http://en.wikipedia.org/wiki/Test-driven_development。

③ 行为驱动开发，http://en.wikipedia.org/wiki/Behavior-driven_development。

④ 领域驱动设计，http://en.wikipedia.org/wiki/Domain-driven_design。

⑤ 责任驱动设计，http://en.wikipedia.org/wiki/Responsibility-driven_design。

从象牙塔和大型预先设计中分离出架构

多数情况下，这些冲突会造就缺乏合适的技术领导力的混乱团队。结果如何？做出来的软件系统看起来一团乱，也不符合非功能需求等关键的架构驱动力。

架构是改变起来很困难或者成本很高的东西，跟那些你不能用一个下午就轻松完成重构的、大的或者"主要"的决策有关。它包括核心技术选择，全面的高层次结构（全局）以及对如何解决各种复杂、高风险、关键问题的理解，等等。软件架构很重要。

大型预先设计通常涵盖了这些对架构的顾虑，但往往想得太多。有一个技巧来区分哪些是重要的：定义一个高层次结构，设定愿景，这很重要；在开始编码之前，绘制无数个类的详图，则多半不重要。搞清楚如何解决怪异的性能需求很重要，搞清楚每个数据库字段的长度就不太重要。

敏捷和架构并不冲突。与其盲目听从别人的指点，软件团队更应剔除炒作，理解技术领导力的方式，在其独特的环境下量化所需的预先设计。

考虑架构的驱动力不需要花很长时间，却能为软件设计的其他部分提供一个开始。当然，这并不意味着架构不应该更改，特别是当你开始编写代码、获得反馈后。关键在于你现在有了一个框架和一定的工作范围，能为团队提供一些经常需要的愿景和指导。我的经验是小方向有大用场。

第63章
量化风险

识别风险是恰如其分的预先设计的一个关键的部分，简而言之，风险就是未来可能发生的坏事，比如所选技术无法满足供应商的承诺。然而风险并不平等，有一些比其他的更重要。举个例子，一个可能会使你的软件项目失败的风险应该比导致团队某种不适的事情拥有更高的优先级。

假设有一个风险清单（风险风暴是做这件事的非常好的技术），你会如何量化这些风险，并评估它们的相对优先级？有一些行之有效的风险量化方法，包括分配一个低、中或高的值，甚至1~10的一个简单的数值，数字越大代表风险等级越高。

概率与影响

考虑风险的一个好方法是从发生风险的负面影响中分离出发生的概率。

❑ 概率：发生风险的可能性有多大？你是否认为机会很微小，要不来点现金赌注？＋影响：如果确实发生了风险，有什么负面影响？团队是否感到不适，会不会全部返工？或者它会导致你的软件项目失败吗？

概率和影响都可以量化为低、中、高或者就是一个数值。如果你把概率和影响分开考虑，就可以像下图一样，将矩阵中的两项分数相乘得到整体的评分。

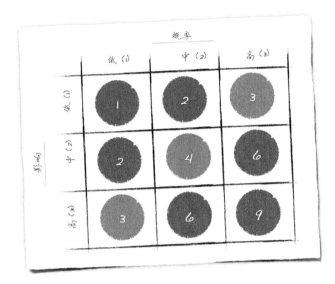

风险量化的概率/影响矩阵

设定风险的优先级

根据风险评分，设定其优先级就跟给它们排名一样简单。概率低影响小的风险可以被设定为低优先级风险。相反，概率高影响大的风险则需要设定为高优先级。如同颜色编码所示。

+绿色：1分或2分，低优先级风险。+褐色：3分或4分，中等优先级风险。+红色：6分或9分，高优先级风险。

往往很难判断你应该重点关注哪些风险，如果搞错了，就会把缓解风险的努力用在错误的地方。量化风险为你提供了一种方法，关注那些最有可能导致软件项目失败或者你被解雇的风险。

第 *61* 章
风险风暴

风险识别是恰如其分的预先设计的一个关键部分，但因其往往被视为无聊的琐事，很多软件团队都羞于为之。风险风暴是一种快速、有趣、协作和视觉的风险识别技术，整个团队都能参与。它有 4 个步骤。

步骤 1：画一些架构图

第一步是在白板或大张的活动挂图纸上画一些架构图。C4 是一个很好的起点，因为它提供了一种获得一组抽象层次各异的图的方法，其中一些可用来标出架构中的不同风险。图越大越好。

步骤 2：分别识别风险

风险可以是主观的，所以请团队中每个人（架构师、开发者、项目经理、业务人等）都站在架构图前，各自写下他们能够识别的风险，一个风险用一张便利贴。此外，请他们根据概率和影响量化每个风险。理想情况下，用不同颜色的便利贴来表示不同的风险优先级。你可以将这部分练习划分为 5~10 分钟的时间段，以免拖延，这一步应该保持沉默，每个人收好各自的便利贴。这里是一些要寻找的风险的例子：

- ❏ 第三方系统的数据格式意外变更；
- ❏ 外部系统不可用；
- ❏ 组件运行过慢；
- ❏ 组件无法伸缩；

- ❏ 关键组件崩溃；
- ❏ 单点故障；
- ❏ 数据被破坏；
- ❏ 基础设施故障；
- ❏ 磁盘填满；
- ❏ 新技术未按预期工作；
- ❏ 新技术使用过于复杂；
- ❏ 等等。

有了软件开发评估，根据人们的经验，他们对风险的看法可以是主观的。如果你计划使用一种新技术，但愿团队中有人能识别出相关的风险。另外，有人可能会对使用新技术的风险量化得比较高，而其他人如果已经用过同一种技术，可能感觉就不一样。各自识别风险让每个人都可以为风险识别流程作出贡献，你将更好地了解团队感知的风险，而不仅仅是那些设计软件或领导团队的人的看法。

步骤 3：汇总图中的风险

接下来，请大家把自己的便利贴贴在架构图上，邻近风险被识别出的区域。举个例子，如果你识别出一个组件会有运行过慢的风险，就把便利贴贴在架构图中那个组件的上方。

这种技术的这个部分是视觉的，一旦完成，你就能一眼看到风险最高的区域在哪里。如果有人识别出类似的风险，随着大家想法的汇总，图的上方会贴满便利贴。

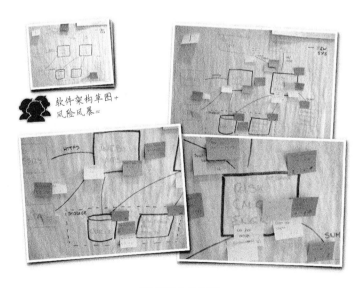

汇总图中的风险

步骤 4：对风险设定优先级

现在你们可以拿下每一张便利贴（或一堆便利贴），就如何量化已识别的风险达成共识。

❑ **单张便利贴**：问识别出风险的人它们的理由是什么，并就其概率和影响达成共识。经过讨论，如果概率或影响是"无"，就从架构图上把便利贴拿下来，但别扔掉它。

❑ **成堆的便利贴**：如果每张便利贴的概率和影响都相同，那就完成了。如果不是，则需要用与规划扑克[①]或推广德尔菲法[②③]环节中相同的评估方法，就如何量化风险达成共识。看看哪些与众不同，并相应地了解人们量化风险背后的根据。

缓解策略

识别与软件架构相关的风险是很重要的一项工作，但你也需要准备好缓解策略，以便从一开始就防止风险的发生或者当风险已经发生时采取修正措施。由于现在已经为风险设定了优先级，你可以把精力先集中在高优先级的风险上。

根据风险的类型，有一些适用的缓解策略，包括下面这些。

(1) **教育**：训练团队，重组团队，或者在你缺乏经验的领域（比如新的技术）招聘新成员。

(2) **原型**：在需要通过证明某些事能否工作来缓解技术风险的地方创建原型。由于风险风暴是一种可视的技术，它可以让你很容易地看到软件系统中的可能应该结合原型更详细查看的部分。

(3) **修订**：改变你的软件架构，以消除或减少已识别风险的概率/影响（比如，移除单点故障、增加一个缓存以免受到第三方系统中断的影响等）。如果你决定改变架构，可以重新进行风险风暴，以检验变化是否达到预期的效果。

何时使用风险风暴

风险风暴是一项快速、有趣的技术，提供了一种识别和可视化风险的协同方法。另一方面，这种技术可用于任何能够可视化的东西；从企业架构到业务流程和工作流。它可以在一个软件开发项目的开始阶段使用，也可以一直使用，或者在迭代计划阶段或回顾中使用。

确保你保留了识别风险的记录，包括那些后来被认为概率或影响是"无"的。此外，何不把带有便利贴的架构图留在项目室的墙上，这样每个人都能看到这个额外的信息层。要预防项目失败，识别风险必不可少，如果让整个团队都参与，它就不是一件琐事。

[①] http://planningpoker.com

[②] http://en.wikipedia.org/wiki/Wideband_delphi

[③] 德尔菲法是一种结构化的决策支持技术，见 http://en.wikipedia.org/wiki/Delphi_method。——译者注

集体所有制

关于风险的最后一点是，在大多数软件项目中，风险归谁所有？以我的经验，"风险记录"（如果有的话）通常归唯一的非技术的项目经理所有。这有意义吗？他们了解技术风险吗？他们真的关心技术风险吗？

一个更好的方法是将技术风险的所有权交给软件架构角色。务必保留一份中央风险记录，但要确保团队中有人在主动打理技术风险，特别是那些会导致你的项目被取消或你被解雇的。当然，在团队中共享软件架构的角色也为风险的集体所有制铺平了道路。

第 *65* 章
恰如其分的预先设计

软件的一个主要分歧是要做多少预先设计。对于应该什么时候做设计和应该做多少，人们是非常两极化的。以我和软件团队工作的经验，基本上有以下几类观点：

- □ "在开始编码之前，我们需要预先做好所有的软件架构"；
- □ "软件架构不需要预先完成，我们会逐步演化它"；
- □ "嗯，我们拥有一支优秀的团队，不需要做软件架构"。

这些不同的观点引出了一个有趣的问题，你需要提前做多少架构？

回到方法学

分歧的一个主要原因来自于团队如何工作，具体到他们遵循的是哪种开发方法学。如果从提倡多少预先设计来对常见的软件开发方法进行比较，你会得到如下的图。

一头是瀑布式，它的典型形式是大型预先设计，推崇在开始编写代码之前，每件事都必须决定、评审和签发。另一头则是表面看来回避架构的敏捷方法。

可以说这一点不是真的。敏捷方法没有说"不做架构"，就像它们没有说"不产出任何文档"。敏捷是充分度、快速行动、拥抱变化、反馈和交付价值。但因为敏捷方法和它们的布道者不强调软件开发的架构层面，很多人都将其误解为"敏捷说不做任何架构"。更常见的是，敏捷团队选择把设计工作分散到整个项目，而不是全部预先做。对此有几种说法，包括"演化架构"和"浮现式设计"。根据软件系统的规模和复杂度以及团队的经验和成熟度，最终这可能不幸地演变成"盲目乐观"。

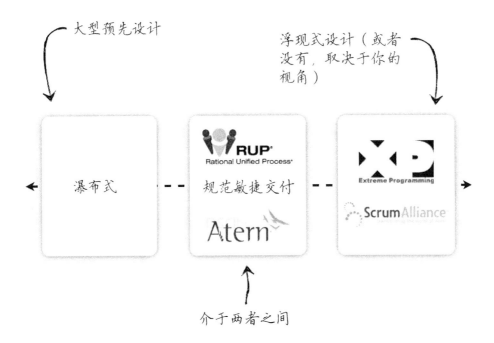

大型预先设计

浮现式设计（或者没有，取决于你的视角）

瀑布式 ---- 规范敏捷交付 Atern ---- XP Extreme Programming ScrumAlliance

介于两者之间

两头中间的是像 Rational 统一过程（RUP）[1]、规范敏捷交付（DAD）[2]和动态系统开发方法（DSDM）Atern[3]这样的方法。这些是灵活的过程框架，实现中可以全部或部分采用。尽管 RUP 实现往往是与瀑布式方法有更多共同点的重量级怪物，它也可以缩减规模，呈现出能让它占据中心地带的特征组合。DAD 基本上是一个精简版的 RUP，而 DSDM Atern 则是一个类似的迭代和增量方法，也受到敏捷运动的影响。三者都是风险驱动的方法学，基本上就是"集中主要的高层次关键需求，规避风险，然后迭代和增量"。DSDM Atern 甚至使用术语"坚实的基础"来形容这一点。做对了，这些方法就能在预先设计和演化架构之间达到良好的平衡。

要做到"恰如其分"

对于预先架构和设计，我的方法是要做到"恰如其分"。如果你对人们这样说，他们要么认为这是鼓舞人心的新鲜空气，完全符合他们已有的信念，要么认为这是彻头彻尾的逃避责任！"恰如其分"是一条准则，但它是模糊的，对人们评估多少算够没有太大帮助。根据我对架构的定义，你可以说自己需要做恰如其分的预先设计来得到结构和愿景。换句话说，做到足够才会知道自己的目标是什么，要如何实现它。这是一条更好的准则，但仍然没有提供任何具体的建议。

[1] http://en.wikipedia.org/wiki/IBM_Rational_Unified_Process

[2] http://en.wikipedia.org/wiki/Disciplined_Agile_Delivery

[3] http://en.wikipedia.org/wiki/Dynamic_systems_development_method

事实证明"恰如其分"的预先设计很难量化，因此很多人根据自己过去的经验，对"太少"或"太多"都有坚定的主张。这里总结的思想来自我过去几年遇到的软件开发者

多少预先设计是太少

- 不了解系统边界是什么，在哪里。
- 团队中对"大局"没有形成共识。
- 无法交流整体愿景。
- 团队成员对需要做的事情不清楚或感到不适。
- 没有考虑非功能需求/质量属性。
- 没有考虑（现实的）环境约束如何影响软件（比如部署环境）。
- 没有考虑主要的风险，比如非功能需求、外部接口等。
- 尚未确认重大问题及其答案。
- 没有考虑关注点分离、适当的抽象层次、分层、可修改性，拐点等。
- 对架构师要扮演的角色没有共识。
- 解决问题的方法不一致。
- 团队缺乏控制和指导。
- 项目生命周期中本应预先考虑到的重大架构变化。
- 过多的设计选择和选项，往往伴以团队成员对解决方案或前进方向的反对。
- 对于设计是否管用的不确定（比如，设计过程中没有执行原型的部分）。
- 缺乏技术选择（即不必要的延迟）。

多少预先设计是太多

- 太多信息（即很长的文档或信息超载）。
- 在太多抽象层次都过于详细。
- 太多图表。
- 在文档中编写代码或伪代码。
- 过于死板，缺乏灵活性的架构。
- 所有抽象层次的所有决策都已做出。
- 有着众多展示了所有可能交互的序列图的类层次设计。
- 详细的实体关系模型和数据库的设计（比如，表、视图、存储过程和索引）。
- 分析瘫痪和纠缠于次要细节的团队。
- 编码成了对团队来说无聊而消极的设计文物到代码的简单变换。
- 一个无节制的"设计阶段"（即时间和预算）。
- 还未进行任何编码就已到达最后期限。

65

多少是 "恰如其分"

上面很多答案都不难得到认同，但是 "恰如其分" 仍处于两个极端之间的灰色地带。关键是架构代表了重大的决策，而衡量重要性的则是改变的成本。换句话说，就是修改起来真的很昂贵，也真的需要尽早做对的东西。举个例子，高性能、高可伸缩性、高安全性和高可用性等质量一般需要尽早融入基础中，因为它们很难安插到已有的代码库中。重大的决策也包括那些你不能用一个下午就轻松完成重构的东西，比如整体结构、核心技术的选择、"架构" 模式、核心框架等。

暂时回到 RUP，它使用了 "架构上重要" 这个术语，建议你应该找出什么可能对你的架构重要。什么可能是重要的？嗯，任何改变成本高、复杂（比如棘手的非功能需求或约束）或新的东西。在现实中，如果你没把这些事做对，它们就会有高于正常风险的后果。重要的元素往往也是主观的，会根据团队的经验有所变化，这一点值得铭记。

在这里你有的就是一种软件开发方法，它使你可以为了构建向前发展的充分基础而关注什么是有风险的。无论什么方法学，识别架构上重要的元素及其相应的风险，都应该应用到所有的软件项目。如果你需要引入一个架构冲刺，某些敏捷布道者会说 "你错了"，然而一些敏捷项目已经引入了一个 "冲刺零" 来做这件事。我说，你需要做任何基于你自己的语境、对你管用的。

尽管所有这些提供了一些指导，然而 "多少才是恰如其分" 这个问题的答案却要 "看情况"，因为每个软件团队都不一样。有些团队更有经验，有些需要更多指导；有些一直在一起工作，有些频繁地轮换和变动；有些软件系统有大量必要的复杂性，等等。那么你需要做多少架构？我说，你需要做到 "恰如其分"，以便做到以下几点，不管软件架构角色是由一个人扮演还是团队内共享这些都适用。

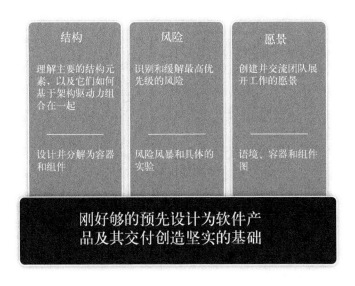

结构

- ❏ 是什么：理解主要的结构元素，以及它们如何基于架构驱动力组合在一起。
- ❏ 怎么做：设计并分解为容器和组件。

风险

- ❏ 是什么：识别和缓解最高优先级的风险。
- ❏ 怎么做：风险风暴和具体的实验[①]。

愿景

- ❏ 是什么：创建并交流团队展开工作的愿景。
- ❏ 怎么做：语境、容器和组件图。

这个软件架构实践的最小集合将为你提供支撑软件交付的其余部分的坚实基础。有些架构通常确实需要预先完成；但是有些则不是，还能够自然地演化。关键在于找准强制性和演化设计的分界线。

把恰如其分的预先设计置于适当的语境

在现实中，你必须回答"多少预先设计是足够的"，我建议实践架构一个软件系统。找到或创建一个中小型软件项目的场景，制定一个很短的高层次需求（功能和非功能）集合来描述。这可以是一个你已经参与工作过的已有系统，或者是跟你的领域不相关的新东西，比如我在自己的培训课程上用的金融风险系统。有了这个，再要求两组（每组 2~3 人）或更多的人通过选择一些技术，做一些设计，绘制一些用于交流愿景的图，找出一个解决方案。为这个活动规划好时间（比如 90 分钟），然后主持一个开放的评审会议，对每个解决方案提出以下类型的问题。

- ❏ 架构会管用吗？如果不管用，为什么？
- ❏ 所有关键的风险都已被识别了吗？
- ❏ 架构是否过于简单？是否过于复杂？
- ❏ 架构是否有效地交流过？
- ❏ 图的哪些地方是受人喜欢的？哪些可以改进？
- ❏ 细节是否太多？细节是否足够？
- ❏ 你能把这作为起点交给你的团队吗？
- ❏ 控制是否太多？指导是否不足？
- ❏ 你对已做出或推迟的技术决策的程度满意吗？

---

① http://www.agilemodeling.com/essays/agileArchitecture.htm#ProveIt

把这个练习看作一种架构演练①，不过你要进行一次评审，主要集中在你所经历的过程以及产出，而不仅仅是架构本身。记录你的发现，尝试为将来处理软件设计流程提炼出一套指导。商定要深入多少细节并包含示例，商定图表表示法并包含好的图表示例，确定你自己的环境中的通用约束，等等。如果可能的话，记住这些指导，反复练习，看看它如何带来改变。通常一天足够进行几次包含设计/沟通/评审周期的练习。

没有一模一样的软件团队。留出一天，在你自己的环境中实践软件的设计流程，这会为你将来应对这一流程提供一个一致的起点，帮助你在适当的语境中搞清楚究竟什么样的预先设计对你和你的团队而言"刚好够"。实践软件设计流程还有一个额外的好处，它是培训和指导其他人的好方法。你在追求一个人人都能扮演软件架构角色的自组织团队吗？

---

① http://blogs.tedneward.com/2010/06/17/Architectural+Katas.aspx

第 *66* 章
初识软件架构

引入技术领导力，一条小的软件架构准则就有从根本上帮助软件团队成功的巨大潜能。考虑到这一点，我们需要解决的最后一个问题就是，如何让软件团队采用一个正好合适的软件架构方法，确保构建出结构良好的软件系统来实现目标，特别是各种复杂的非功能需求和约束。这个问题通常会变成，如何将软件架构重新引入软件团队的工作方式。

在我看来，软件架构最大的问题是它在与软件行业每天创造的新事物竞争。我见过世界各地数以千计的软件开发者，以我的经验，他们当中很多人对软件架构的思考还不够。尽管教材非常多，很多团队还是缺乏对软件架构的真正认识。

人们用于学习的时间和精力有限，但没时间通常不是团队不理解软件架构是什么的原因。我以前担任软件架构角色时，和很多人一样搞不清读过的软件架构书跟日常工作到底有多大关系。这种缺乏了解的情况日益严重，因为大多数软件开发者并不定期实践软件架构。你在自己的职业生涯中，架构过多少软件系统？

简单来说，即使所有软件团队都思考软件架构也远远不够。那么，我们如何让软件团队重新认识软件架构？

软件架构应该容易理解

作为经验丰富的从业者，我们有义务去教育别人，但也要一步一步来。要记住，很多人在接触软件架构时可能都不了解过去的相关研究。想想你看到和听到的关于软件架构的术语。你要怎么跟一个典型的软件开发者解释"逻辑视图"？当我们谈到"物理视图"时，指的是代码还是物理设备？在我们开始谈论架构描述语言①和评估方法②之前，开发团队中的每个人都要了解软件架构的本质以及不思考它的后果。软件架构的信息要具备可用性，立足现实。

这么说似乎很怪，但管理软件团队的人也需要理解软件架构的本质和必要性。这些年来，我合作过的一些团队的管理层会对团队说"别做软件架构了，赶紧写代码"。这种情况很多时候都源于一个误解：采用了敏捷方法，所有预先设计的做法就都应该被摒弃。这些软件开发团队通常承受着极大的交付压力，但一些预先思考不但不会成为阻碍，反而是有益的。

一些实用的建议

下面是一些向初学者介绍软件架构的实用建议。

1. 宣传教育

举办几次专题研讨活动，帮助人们学习和理解软件架构是什么。可以针对开发者或非开发者，这有助于确保所有人都有相同认识。至少，你应该留意下面几点：

- 软件架构是什么；
- 软件架构为什么重要；
- 你打算采取的做法。

2. 回顾架构

如果你定期回顾反思你的团队执行情况，为什么不直接在谈话的主题列表上加入软件架构？如果你认为软件架构没有得到足够重视，也许是因为你经常重构你的软件架构，或者在一些非功能特性上遇到了问题，那么思考一下你可以采用的软件架构实践。另一方面，如果你花太多时间思考软件架构或预先设计，也许是时候看看这个工作的价值，以及是否有任何实践可以被放弃或取代。

3. 完成标准

如果你对工作项目有"完成标准"，把软件架构也加进去。这有助于确保你以任何所需的架构模式、规则或非功能目标来考虑工作项目架构的影响和实现的一致性。

4. 分配软件架构角色

如果你的软件团队不思考软件架构，那么简单地把软件架构角色分配给团队内某个可能合适的人选也许可行，因为你明确地把对软件架构的所有权和责任指定给了一个人。把这个角色分配

---

① http://en.wikipedia.org/wiki/Architecture_description_language

② http://www.sei.cmu.edu/architecture/tools/evaluate/

给多人在有些团队里行得通，但我发现，起初由一个人承担，然后随着团队经验的增加，再与其他人共享，这种方式更好。有些团队不喜欢"软件架构师"这个词，而代之以架构所有者[①]。不管你怎么称呼它，指导和合作才是关键。

5. 架构培训班

光说还不够，怀疑论者要看的是架构并非大型预先设计。这也是我举办短期架构培训班的原因，一些小团队可以协作为一组简单的需求架构软件解决方案，制作数个可视化图表，并互相交流各自的方案。这让人们体会到预先设计并不一定意味着在非常低的抽象层次设计好所有东西，也提供了一种实践沟通软件架构的方法。

推动变革发生

对那些明白软件架构很好，却不知道如何将其引入项目的人而言，有一个比较常见的问题：

　　"我理解对软件架构的需要，但我们的团队没有时间实施，因为大家都忙于为项目编码。话虽如此，我们没有一致的解决问题的方法，诸如此类。我们的经理也不会给我们时间做架构。做架构，就没法编码。该怎么引入架构？"

为了理解软件架构对主动思考的需要，有几个问题值得一问。

(1) 缺乏软件架构造成了哪些问题？
(2) 缺乏软件架构在将来可能造成哪些问题？
(3) 这些问题是否有引发更多严重的后果（比如失去声望、业务、客户、收入，等等）的风险？
(4) 哪些事已经做错了？

有一件事我会告诉刚接触架构角色的人们，他们确实需要专门花一些时间在架构工作（大局的事务）上，但要与日常开发工作之间找到一个平衡。如果你所有时间都用来编码，就做不了架构。另一方面，"软件架构"花太多时间意味着你没写什么代码，可我们都知道漂亮的图表对最终用户毫无用处！

"我们该如何引入软件架构"这类问题没有一个简单的答案，因为它要求软件团队改变工作方式，只有当你完全了解团队的情况，才有可能。一般来讲，团队改变工作方式大致可以分为两类。

被动型：大多数团队只会在情况变糟的时候改变工作方式。换句话说，当且仅当有诱因时，他们才会改变。诱因可能是失败的系统部署过程中的任何事，或者严重系统故障之类的事情。在这种情况下，他们知道有些事不太对，可能因为管理层让他们日子不好过，他们也知道必须有所行动，改变这种状况。可惜，这种方式在软件行业里占了大多数。

---

① http://www.agilemodeling.com/essays/architectureOwner.htm

主动型：有些团队则积极地改进工作方式。即使没有发生什么坏事，他们也能看到改进的空间，防止陷入上面提到的状况。讽刺的是，这些团队往往很优秀，并不需要改变，但他们非常清楚持续改进带来的好处。

回到原来的问题，团队确实想花一些时间在架构上，但并没有得到管理层的认可。也许管理层并没有清楚认识到这样做的好处或者不这样做的后果。无论怎样，团队都没有得到期望的结果。每当我自己处于这种情况时，我会采取以下两种方法之一。

以非常清晰和简洁的方式陈述当前的状况，如果不做出改变，会有哪些问题、风险和后果。通常你会向主要决策者、项目资助人或管理层陈述这些内容。一旦他们了解了风险，就能够判断，是否值得为降低风险付出改变行为所需的精力。这要求很娴熟的技巧，有时候也未必被接受，特别是刚接触到一个你觉得不正常的团队。

以身作则，发现并解决问题，包括缺乏技术文档、解决问题的方法不一致、架构层过多、不一致的组件配置等。有时候，在所有人了解付出精力得到的回报之前，最初改变的种子就要到位，有点像大多数人第一次看到自动化单元测试时的反应。

每种方法都有各自适用的情况，这取决于很多因素。回到原来的问题，有可能使用了最合适的方法，但要么消息很弱，要么管理层不认为值得花这个钱去降低没有专门"架构时间"的风险。对于这种情况，我会以积极主动、以身作则的姿态引入软件架构。只要找到并修复一个问题（比如多种配置方法，没有高层次文档，混乱的组件结构，等等）。我不是说要放下工具停工几个星期，因为我们都知道，想要说服管理层同意花三个月来重构太困难了。我的意思是，分解问题逐个击破，一步步改变处境。每天花几分钟在这类任务上，在你意识到之前，可能已经有所改观了。"请求原谅比得到许可更容易"。

软件架构的本质

很多软件团队都已经在使用敏捷和精益方法，更多的团队在朝这个方向走。因此，团队采用任何软件架构实践都应该产出真正的价值，否则就只是在浪费时间和精力。只有你能决定多少软件架构才合适，也只有你能决定如何最好地引导出你想在团队中看到的变化。祝你好运！

第*67*章
问　题

(1) 不管敏捷方法被宣传成什么样，"敏捷"和"架构"真的水火不容吗？

(2) 如果你正在一个敏捷软件团队中工作，你们考虑过架构吗？

(3) 你是否认为自己在目前的软件开发团队中有足够的技术领导力？如果是，为什么？如果不是，又是为什么？

(4) 多少预先设计才足够？该如何适可而止？整个团队是否都了解并理解这一观点？

(5) 很多软件开发者参加编码培训班来磨练自己的技能。你将如何提升自己的软件架构技能？（比如，根据某些需求，在一张白纸上完成软件的方案设计）

(6) 什么是风险？所有的风险都等同吗？

(7) 在你的团队里，由谁来识别技术风险？

(8) 在你的团队中，由谁打理技术风险？如果让（通常是非技术的）项目经理或流程经理来，会是个好主意吗？

(9) 当你忽视技术风险时，会发生什么？

(10) 面对风险，你能主动做些什么？

(11) 需要在你团队的工作方式中引入软件架构吗？如果是，你会怎么做？

Part VII

金融风险系统

我们在这部分学习本书中一直提及的金融风险系统案例。在我的"面向开发者的软件架构"[1]培训课程和"敏捷软件架构草图"专题研讨中也用到了它。

---

[1] http://www.softwarearchitecturefordevelopers.com

第*68*章
金融风险系统

背景

　　一家位于伦敦、纽约和新加坡的全球投资银行和其他银行（交易对手）进行金融产品的交易（买和卖）。随着股票市场上的股票价格上涨或下跌，银行要么赚钱要么赔钱。在工作日结束时，银行需要对他们的交易数据运行一些计算，获知他们面临多大的风险（比如赔钱）。银行有现成的交易数据系统（TDS）和参考数据系统（RDS），但还需要一个新的风险系统。

交易数据系统

　　交易数据系统存储了银行进行的所有交易。它已经配置为在纽约的交易关闭时间（下午5点）生成一个 XML 输出文件。输出包括银行进行的每一次交易的以下信息：

- ❑ 交易 ID；
- ❑ 日期；
- ❑ 当前的美元交易价格；
- ❑ 交易对手 ID。

参考数据系统

　　参考数据系统维护了银行需要的所有参考数据。这包括了交易对手的信息，每一个都代表一个个体、一家银行等。它也生成 XML 输出文件，包括了每个交易对手的基本信息。一个新的全组织参考数据系统将在未来 3 个月内完工，而当前的系统最终将停用。

功能需求

以下是新的风险系统的高层次功能需求：

(1) 从交易数据系统导入交易数据；
(2) 从参考数据系统导入交易对手数据；
(3) 合并两个数据集，用交易对手的信息丰富交易数据；
(4) 对每个交易对手计算银行面临的风险；
(5) 生成一个可以导入微软 Excel 的报表，包含银行所有已知的交易对手的风险指数；
(6) 在新加坡的下一个交易日开始（上午 9 点）之前将报表分发给业务用户；
(7) 为业务用户子集提供一种配置和维护风险计算使用的外部参数的方法。

非功能需求

以下是新的风险系统的非功能需求。

性能

❑ 新加坡在每个业务日的当地时间上午 9 点开市，风险报表必须在此前生成。

可伸缩性

❑ 系统必须有能力处理未来 5 年的交易量。
❑ 交易数据系统的导出文件包括大约 5000 次交易，预计现在每天将有 10 次额外的交易。
❑ 参考数据系统的交易对手导出文件包括大约 2 万个交易对手，增长可以忽略不计。
❑ 全世界有 40~50 个业务用户需要访问报表。

可用性

❑ 风险报表应该随时对用户可用，但少量的停机（每天不超过 30 分钟）是可以忍受的。

故障转移

❑ 人工故障转移对所有的系统组件都足够了，能够满足可用性目标。

安全性

❑ 这个系统必须遵循仅限认证和授权用户访问的银行政策。

68

- 报表必须只分发给授权用户。
- 只允许授权用户的子集修改风险计算使用的参数。
- 尽管也不错，但没有单点登录的需求（比如，与 ActiveDirectory、LDAP 等的整合）。
- 所有对系统和报表的访问都将在银行的全球网络范围内。

审计

- 以下事件必须记录在系统审计日志中：

  - 生成报表；
  - 修改风险计算参数。

- 用于风险计算的输入数据必须是可理解的。

容错和恢复

- 如果可能，系统应采取适当的步骤从错误中恢复，但所有的错误都应被记录。
- 影响完成交易对手风险计算的错误都应被记录，流程应继续。

国际化和本地化

- 所有用户界面都将只用英语呈现。
- 所有报表都将只用英语呈现。
- 所有交易价格和风险指数都将只用美元呈现。

监测和管理

- 如遇下列情况，简单网络管理协议（SNMP）陷阱应被发送至银行的中心监测服务：

  - 系统组件的致命错误；
  - 新加坡时间上午 9 点前未能生成报表。

数据保存和归档

- 风险计算过程使用的输入文件必须保留 1 年。

互操作性

- 现有数据系统的接口应该遵守并使用现有的数据格式。

Part VIII

附录："技术部落"的软件指南

这是"技术部落"网站的软件指南样本，这个网站是我的一个分支项目，为泽西岛提供一个技术、IT和数字领域的焦点。

"技术部落"网站的代码已经开源，可访问 GitHub 获取。

介绍

该软件指南提供了"技术部落"网站的概览,包括对以下内容的总结:

(1) 网站背后的需求、约束和原则;
(2) 软件架构,包括高层次的技术选择和软件的结构;
(3) 基础设施架构以及软件如何部署;
(4) 网站的运营和支持方面。

语境

"技术部落"网站为在泽西岛和格恩西岛寻找与技术、IT 和数字领域相关的人、部落(业务、社区、兴趣组等)和内容提供了一个途径。在最基本的层面上,它是一个本地的微博、新闻、博文、活动、讲座、工作以及更多东西的内容聚合器。这是一个提供可视化总结的语境图:

该网站的目的:

(1) 聚合和分享本地的内容,帮助其在本地社区内外的推广;
(2) 在本地社区促进开放、分享和学习的文化。

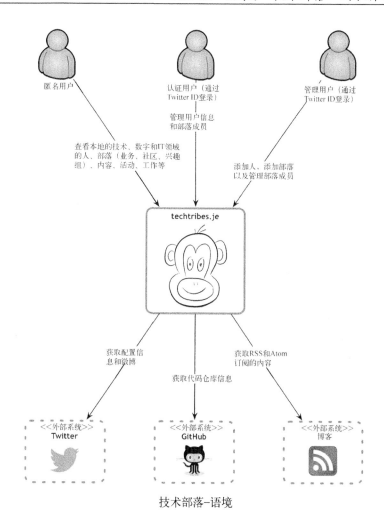

技术部落-语境

用户

"技术部落"网站有三类用户。

(1) 匿名用户：任何人都可以通过 Web 浏览器查看站点上的内容。

(2) 认证用户：有内容被聚合到网站的人/部落可以用他们注册的 Twitter ID（如果有的话）登入网站，修改他们的基本档案信息。

(3) 管理用户：拥有网站管理（超级用户）权限的人可以管理网站聚合的人、部落和内容。

外部系统

"技术部落"集成了三种类型的系统，在语境图上用灰色虚线框代表。

(1) Twitter：从 Twitter 取回人/部落的档案信息和微博，聚合到网站。Twitter 也用来让人/部落通过他们的 Twitter ID 登入"技术部落"。

(2) GitHub：如果人/部落注册过 GitHub 的 ID，就会从 GitHub 取回代码仓库的总结信息。

(3) 博客：通过 RSS 或 Atom 订阅取回人/部落写的博客的内容，聚合到网站。

功能性概览

这个部分对"技术部落"网站提供的功能进行了一个总结。

人和部落

"技术部落"的核心是人和部落。

❑ 人：本地的技术、数字和 IT 领域内的人。
❑ 部落：一个部落就是一群人。分 4 种类型。

■ 业务：一个业务部落代表一个本地公司。
■ 技术：一个技术部落是对一个特定话题（比如，Java、树莓派、SharePoint 等）有共同兴趣的一群人。
■ 媒体：一个媒体部落是一个发布本地新闻的组织。
■ 社区：一个社区部落代表一个本地用户群或其他非盈利性组织。

人和部落有一些基本档案信息，以及一个 Twitter ID 和"技术部落"用来把内容聚合到网站的一个或多个 RSS/Atom 订阅链接。

内容

"技术部落"聚合和发布多种不同类型的内容，都和人或部落相关。

博文和微博

"技术部落"的主要功能是聚合人和部落的博文和微博，使网站的用户可以在一个地方找到那些内容。博文和微博可以在网站上以多种方式查看，此外还提供了搜索功能。网站也发布了一个所有博文的统一 RSS 订阅。

新闻

本地技术新闻条目就是媒体部落的博文。此外，这些可以在网站上以多种方式查看。

讲座

"技术部落"发布本地人在会议、聚会和其他活动上的各种讲座。每个讲座有一些基本信息

（即，标题、摘要、日期，再加上活动细节），并关联到一个人。

活动

"技术部落"还发布本地的技术活动、聚会、用户组等信息。每个活动有一些基本信息（即，标题、描述、日期、时间、活动链接等），并关联到一个部落。

工作

最后，"技术部落"列出了本地的技术工作。每个工作有一些基本信息（即，标题、描述、发布日期、更多信息的链接等），也关联到一个部落。

用户

有三种类型的用户。

匿名用户

匿名用户代表了任何访问"技术部落"的人，他们能够以多种方式查看网站上的所有内容。

认证用户

列在"技术部落"上的本地人能够用他们的 Twitter ID 登入，以便管理一些基本档案信息和他们加入的技术部落的清单。

管理用户

管理用户是一些认证用户，有权运行网站的一些基本管理功能，包括向网站添加人和部落，以及管理部落成员。

博弈引擎

"技术部落"提供的最后一个主要功能是一个简单的博弈引擎，鼓励本地人和部落与社区的其他成员接触，更经常地分享内容。

分数

人和部落发表微博、博文，进行讲座和组织活动，可以得到奖励分数。根据最近七天的分数可以滚动计算出最活跃排行榜。

徽章

除了分数，徽章也会奖励给获得特定成就的人和部落。这包括从发表推文和微博等简单的事，到进入最活跃排行榜前三位，在岛外进行讲座。

质量属性

这个部分提供"技术部落"网站所需的质量属性（非功能需求）的信息。

性能

对于 50 个当前用户，"技术部落"所有的页面都应该在 5 秒内加载和渲染。

可伸缩性

"技术部落"网站应该能够伸缩到当前数据量的十倍。如下：

- 1000 个人和部落；
- 50 万条微博；
- 1 万条新闻/博文。

安全性

尽管匿名用户可以查看"技术部落"网站的大部分内容，还是必须提供基于角色的访问，允许人/部落登入并管理他们的档案。为了降低管理用户凭据相关的运营支持开销，所有认证必须通过 Twitter、Facebook、Google、OpenID 等第三方机制实现。

可用性

因为"技术部落"系统不是一个关键的任务，预算有限，所以并没有严格的可用性目标。

国际化

所有用户界面文字只用英语呈现。

本地化

所有信息都只使用英国英语的格式。

浏览器兼容性

"技术部落"网站应该在以下浏览器中表现一致：

- Safari；

- Firefox；
- Chrome；
- Internet Explorer 8（及以上）。

约束

这个部分提供"技术部落"网站开发中强加的约束的信息。

预算

因为"技术部落"网站没有正式的预算，所以使用免费和开源技术是开发中的一个约束。理论上，网站应该运行在托管成本低于 20 英镑每月的单个服务器上。

原则

这个部分提供"技术部落"网站开发中采用的原则的信息。

组件封装

为了提供一个简单的从软件架构到代码的映射，代码的封装结构反映了"组件封装"的规约，而不是"层封装"。

这意味着把代码库划分为多个组件，每个组件有：

- 一个定义好的公开接口；
- 强隔离（即所有实现细节都尽可能封装保护）；
- 名为 components.xml 的 Spring 配置文件来进行配置和将组件接入系统其他部分。

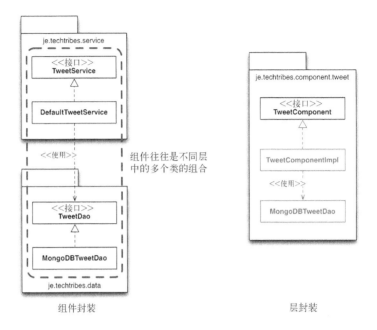

组件封装   层封装

自动化测试

自动化测试策略是进行自动化的单元和组件测试。

- ❑ 单元测试：这些是对单个类或孤立方法执行的运行快速，非常小的测试。示例请看 techtribes-core 的单元测试[①]。
- ❑ 组件测试：为避免破坏隔离，组件作为单一单元来测试，而不是仿造数据库连接来对组件内部进行测试。示例请看 techtribes-core 的组件测试[②]。

配置

组件所需的全部配置都放到外部的 Java properties 文件中，存放在部署文件之外，由构建流程创建。这意味着构建版本无需修改就能从开发、测试迁移到生产环境。

Spring 自动装配

只在"技术部落"的 Web 层部分（techtribes-web[③]）使用 Spring 自动装配，将组件注入到 Spring MVC 控制器。

[①] https://github.com/techtribesje/techtribesje/tree/master/techtribes-core/test/unit

[②] https://github.com/techtribesje/techtribesje/tree/master/techtribes-core/test/component

[③] https://github.com/techtribesje/techtribesje/tree/master/techtribes-web

软件架构

这个部分提供"技术部落"的软件架构概览。

容器

下图展示了组成"技术部落"系统的逻辑容器。图并不代表容器的实际数量和位置：这个信息请看基础设施和部署部分。

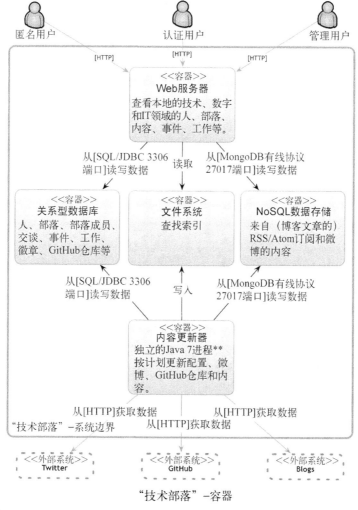

"技术部落"-容器

❑ Web 服务器：Apache Tomcat 7 Web 服务器，从互联网访问"技术部落"网站的单一访问点。

- ❑ 内容更新器：从 Twitter、GitHub 和博客更新信息的独立的 Java 7 应用程序。
- ❑ 关系型数据库：存储了"技术部落"网站背后大部分数据的 MySQL 数据库。
- ❑ NoSQL 数据存储：存储微博和博文的 MongoDB 数据库。
- ❑ 文件系统：文件系统存储了 Lucene 搜索索引。

组件：内容更新器

下图展示了组成独立的内容更新器的组件。

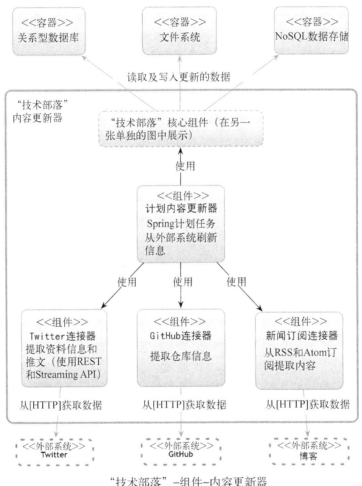

"技术部落"-组件-内容更新器
独立Java进程

除了一些核心组件（稍后详述），独立的内容更新器进程由以下组件构成。

- 计划内容更新器：该组件安排从 Twitter、GitHub 和博客的计划（即，每 15 分钟）信息更新。它还重新计算"最近活跃"，每小时发放一次徽章奖励。它是一个使用 Spring 调度注释的 Spring Bean。代码请看 je.techtribes.component.scheduledcontentupdater①。
- Twitter 连接器：该组件负责连接到 Twitter，以便刷新档案信息和取回微博。它是一个使用 Twitter4J 类库②的 Spring Bean。REST③和 Streaming API④都采用了。代码请看 je.techtribes.component.twitterconnector⑤。
- GitHub 连接器：该组件负责连接到 GitHub，以便刷新仓库信息。它是一个使用 Eclipse Mylyn GitHub 连接器⑥的 Spring Bean。代码请看 je.techtribes.component.githubconnector⑦。
- 新闻订阅连接器：该组件负责连接到 RSS/Atom 订阅，以便刷新聚合到"技术部落"网站的新闻和博文。它是一个使用 ROME 类库⑧的 Spring Bean。代码请看 je.techtribes.component.newsfeedconnector⑨。

组件：核心

下图展示了 Web 服务器和独立的内容更新器共用的通用组件。

这是对每个核心组件的小结。

- 内容源组件：该组件提供对 MySQL 中存储的人和部落（合指"信息源"）信息的访问。代码请看 je.techtribes.component.contentsource⑩。
- 新闻订阅项组件：该组件提供对 MongoDB 中存储的新闻和博文的访问。代码请看 je.techtribes.component.newsfeedentry⑪。
- 微博组件：该组件提供对 MongoDB 中存储的微博的访问。代码请看 je.techtribes.component.tweet⑫。
- 讲座组件：该组件提供对 MySQL 中存储的本地演讲者的讲座信息的访问。代码请看

---

① https://github.com/techtribesje/techtribesje/tree/master/techtribes-updater/src/je/techtribes/component/scheduledcontentupdater
② http://twitter4j.org
③ https://dev.twitter.com/docs/api。——译者注
④ https://dev.twitter.com/docs/api/streaming。——译者注
⑤ https://github.com/techtribesje/techtribesje/tree/master/techtribes-updater/src/je/techtribes/component/twitterconnector
⑥ http://www.eclipse.org/mylyn/
⑦ https://github.com/techtribesje/techtribesje/tree/master/techtribes-updater/src/je/techtribes/component/githubconnector
⑧ http://rometools.github.io/rome/
⑨ https://github.com/techtribesje/techtribesje/tree/master/techtribes-updater/src/je/techtribes/component/newsfeedconnector
⑩ https://github.com/techtribesje/techtribesje/tree/master/techtribes-core/src/je/techtribes/component/contentsource
⑪ https://github.com/techtribesje/techtribesje/tree/master/techtribes-core/src/je/techtribes/component/newsfeedentry
⑫ https://github.com/techtribesje/techtribesje/tree/master/techtribes-core/src/je/techtribes/component/tweet

je.techtribes.component.talk[①]。

❑ **活动组件**：该组件提供对 MySQL 中存储的本地活动（比如，聚会、研讨会、代码道场，等）信息的访问。代码请看 je.techtribes.component.event[②]。

❑ **工作组件**：该组件提供对 MySQL 中存储的本地工作机会信息的访问。代码请看 je.techtribes.component.job[③]。

❑ **GitHub 组件**：该组件提供对 MySQL 中存储的属于本地人/部落的代码仓库信息的访问。代码请看 je.techtribes.component.github[④]。

❑ **搜索组件**：该组件为新闻、博文和微博提供搜索工具。使用 Apache Lucene 进行索引和搜索。代码请看 je.techtribes.component.search[⑤]。

❑ **活跃度组件**：该组件提供对 MySQL 中存储的，内容更新器计算得到的"最近活跃"信息的访问。代码请看 je.techtribes.component.activity[⑥]。

❑ **徽章组件**：该组件提供对人/部落因活跃度而被奖励的徽章的访问。代码请看 je.techtribes.component.badge[⑦]。

❑ **日志组件**：该组件只是对 Commons Logging[⑧]和 log4j 的包装。所有其他组件都会使用它。代码请看 je.techtribes.component.log[⑨]。

① https://github.com/techtribesje/techtribesje/tree/master/techtribes-core/src/je/techtribes/component/talk
② https://github.com/techtribesje/techtribesje/tree/master/techtribes-core/src/je/techtribes/component/event
③ https://github.com/techtribesje/techtribesje/tree/master/techtribes-core/src/je/techtribes/component/job
④ https://github.com/techtribesje/techtribesje/tree/master/techtribes-core/src/je/techtribes/component/github
⑤ https://github.com/techtribesje/techtribesje/tree/master/techtribes-core/src/je/techtribes/component/search
⑥ https://github.com/techtribesje/techtribesje/tree/master/techtribes-core/src/je/techtribes/component/activity
⑦ https://github.com/techtribesje/techtribesje/tree/master/techtribes-core/src/je/techtribes/component/badge
⑧ Commons Logging 提供一个统一的日志接口，从而不依赖于具体的日志实现，http://commons.apache.org/proper/ommons-logging/。——译者注
⑨ https://github.com/techtribesje/techtribesje/tree/master/techtribes-core/src/je/techtribes/component/log

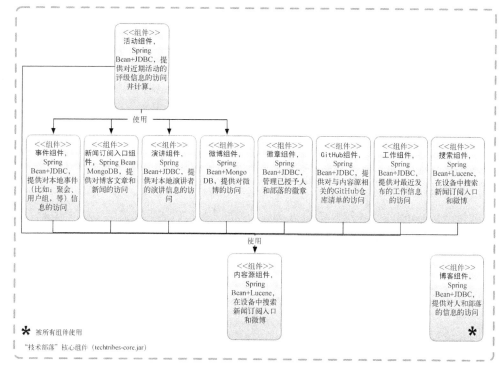

* 被所有组件使用

"技术部落"核心组件（techtribes-core.jar）

基础设施架构

这个部分提供"技术部落"网站的基础设施架构信息。

线上环境

线上环境非常简单；像下面这样的单个托管在伦敦地区的 Rackspace 云服务器[1]。

❑ 操作系统：Ubuntu 12.04 长期支持版（Precise Pangolin[2]）。

❑ 配置：1024 MB 内存，40 GB 磁盘。

❑ 服务器类型：下一代服务器。

Rackspace 仪表盘[3]的凭据是：

❑ 用户名：********

---

[1] http://www.rackspace.com/cloud/servers/

[2] 精准的穿山甲。Ubuntu 发行版每个正式版本的代号都按字母表顺序依次以动物命名。如 12.04 为 Ubuntu 的第 16 个正式版本，在字母表中对应 P，因此选择以 P 开头的动物 Pangolin 命名。——译者注

[3] https://mycloud.rackspace.com

❑ 密码：********

部署

这个部分提供软件架构和基础设施架构之间映射的信息。

软件

线上环境是单个 Rackspace 云服务器，因此下列所有软件都通过 Ubuntu 高级包管理工具（apt，Advanced Packaging Tool）安装到服务器。

❑ Java 7（OpenJDK[①]）（这需要加上 Java 加密扩展 JCE 的无限强度管辖政策文件[②]，通过 Twitter 的认证才能工作）。
❑ Apache Tomcat 7。
❑ MySQL 5.x。
❑ MongoDB 2.2.x。

构建"技术部落"

为了避免"在我这里是好的"综合症，以及确保构建是干净的和可重复的，所有发布都由一个 TeamCity[③]免费版的持续集成服务器构建。build.xml 脚本[④]完成了所有编译、运行自动化测试和创建发布包等繁重的工作。

如果构建成功，构建脚本的最后一部分，是把发布安全地复制"技术部落"的 Rackspace 服务器。

---

① Sun 公司构建的 Java 开发环境的开源版本。——译者注
② http://www.oracle.com/technetwork/java/javase/downloads/jce-7-download-432124.html
③ 一款持续集成工具，包括服务器端和客户端，目前支持 Java 和.NET 项目开发，http://www.jetbrains.com/teamcity/。
　　　　　　　　　　　　　　　　　　　　　　　　　　　　　　　　——译者注
④ https://github.com/techtribesje/techtribesje/blob/master/build.xml

1. 编写代码,推送到GitHub

GitHub

2. 编译代码,运行测试,创建一个发布,复制到"技术部落"

3. deploy.sh <构建版本号>

部署"技术部落"

"技术部落"所有的软件都安装在~techtribesje/buiulds 目录下,每个发布一个子目录[1]。GitHub 上有几个脚本[2],用来解压一个发布,通过 symlinks[3] 切换版本,最后重启进程。

部署一个新版本,或回滚到一个旧版本,只要简单运行:

```
1    ~/bin/deploy.sh XYZ
```

(XYZ 是 TeamCity 持续集成服务器创建的构建版本号)

配置

Web 服务器和内容更新器的配置文件是: + /etc/techtribesje-web.properties; + /etc/techtribesje-updater.properties。

运营和支持

这个部分提供"技术部落"网站运营和支持方面的信息。

---

[1] https://github.com/techtribesje/techtribesje/releases
[2] https://github.com/techtribesje/techtribesje-bin
[3] 维护符号连接的工具程序。——译者注

启动 MySQL

MySQL 是作为服务安装的，应该在服务器重启后运行。你可以使用以下指令检查：

```
1    sudo netstat -tap | grep mysql
```

如果需要启动 MySQL，你可以使用以下指令：

```
1    sudo service mysql start
```

启动 MongoDB

MongoDB 也是作为服务安装的，应该在服务器重启后运行。你可以使用以下指令检查：

```
1    sudo netstat -tap | grep mongo
2    tail /var/log/mongodb/mongodb.log
```

如果需要启动 MongoDB，你可以使用以下指令：

```
1    sudo service mongodb start
```

启动 Web 服务器

Apache Tomcat 也是作为服务安装的，应该在服务器重启后运行。你可以使用以下指令检查：

```
1    ps -Af | grep tomcat
2    tail /var/lib/tomcat7/logs/catalina.out
```

如果需要启动 Tomcat，可以使用以下指令：

```
1    ~techtribesje/bin/start-tomcat.sh
```

启动内容更新器

内容更新是一个独立的 Java 进程，需要在服务器重启后手动启动。你可以使用以下指令（XYZ 构建版本号）：

```
1    ~techtribesje/bin/start-updater.sh XYZ
```

你可以使用以下指令检查：

```
1    ~techtribesje/bin/updater-logs.sh XYZ
```

监测

　　"技术部落"网站唯一的监测是 Pingdom[①]，配置为每 5 分钟测试网站是否可访问。一旦发现 Web 服务器不可用，就会发送电子邮件。

备份

　　格林尼治标准时间每天凌晨 3 点，MySQL 和 MongoDB 数据库都通过计划任务进行备份。你可以使用以下指令检查计划任务：

```
1    crontab -l
```

你应该看到这样的东西：

```
1    0 3 * * * /home/techtribesje/bin/backup-data.sh > /dev/null
```

　　这个 shell 脚本获取 MySQL 和 MongoDB 数据库的导出，复制到一个与 Dropbox 同步的文件夹。

---

① https://www.pingdom.com/

欢迎加入

图灵社区 iTuring.cn

——最前沿的IT类电子书发售平台

电子出版的时代已经来临。在许多出版界同行还在犹豫彷徨的时候，图灵社区已经采取实际行动拥抱这个出版业巨变。作为国内第一家发售电子图书的IT类出版商，图灵社区目前为读者提供两种DRM-free的阅读体验：在线阅读和PDF。

相比纸质书，电子书具有许多明显的优势。它不仅发布快，更新容易，而且尽可能采用了彩色图片（即使有的书纸质版是黑白印刷的）。读者还可以方便地进行搜索、剪贴、复制和打印。

图灵社区进一步把传统出版流程与电子书出版业务紧密结合，目前已实现作译者网上交稿、编辑网上审稿、按章发布的电子出版模式。这种新的出版模式，我们称之为"敏捷出版"，它可以让读者以较快的速度了解到国外最新技术图书的内容，弥补以往翻译版技术书"出版即过时"的缺憾。同时，敏捷出版使得作、译、编、读的交流更为方便，可以提前消灭书稿中的错误，最大程度地保证图书出版的质量。

优惠提示：现在购买电子书，读者将获赠书款20%的社区银子，可用于兑换纸质样书。

——最方便的开放出版平台

图灵社区向读者开放在线写作功能，协助你实现自出版和开源出版的梦想。利用"合集"功能，你就能联合二三好友共同创作一部技术参考书，以免费或收费的形式提供给读者。（收费形式须经过图灵社区立项评审。）这极大地降低了出版的门槛。只要你有写作的意愿，图灵社区就能帮助你实现这个梦想。成熟的书稿，有机会入选出版计划，同时出版纸质书。

图灵社区引进出版的外文图书，都将在立项后马上在社区公布。如果你有意翻译哪本图书，欢迎你来社区申请。只要你通过试译的考验，即可签约成为图灵的译者。当然，要想成功地完成一本书的翻译工作，是需要有坚强的毅力的。

——最直接的读者交流平台

在图灵社区，你可以十分方便地写作文章、提交勘误、发表评论，以各种方式与作译者、编辑人员和其他读者进行交流互动。提交勘误还能够获赠社区银子。

你可以积极参与社区经常开展的访谈、乐译、评选等多种活动，赢取积分和银子，积累个人声望。